イラスト授業シリーズ

ひと目でわかる HOW SPACE WORKS
宇宙のしくみとはたらき図鑑

イラスト授業シリーズ

ひと目でわかる
宇宙のしくみと
はたらき図鑑
HOW SPACE WORKS

渡部潤一[日本語版監修]　東辻千枝子[訳]

創元社

Original Title: How Space Works: The Facts Visually Explained
Copyright © Dorling Kindersley Limited, 2021
A Penguin Random House Company

Japanese translation rights arranged with
Dorling Kindersley Limited, London
Through Fortuna Co., Ltd. Tokyo.

For sale in Japanese territory only.

Printed and bound in China

For the curious
www.dk.com

〈イラスト授業シリーズ〉
ひと目でわかる　宇宙のしくみとはたらき図鑑

2022年10月30日第1版第1刷　発行

日本語版監修者	渡部潤一
訳　者	東辻千枝子
発行者	矢部敬一
発行所	株式会社 創元社

https://www.sogensha.co.jp/
本社　〒541-0047 大阪市中央区淡路町4-3-6
Tel.06-6231-9010　Fax.06-6233-3111
東京支店　〒101-0051 東京都千代田区神田神保町1-2田辺ビル
Tel.03-6811-0662
©2022 TOTSUJI Chieko
ISBN978-4-422-45005-6 C0344

CONTENTS

第 5 章　宇宙探検

第 1 章

地球から見る宇宙

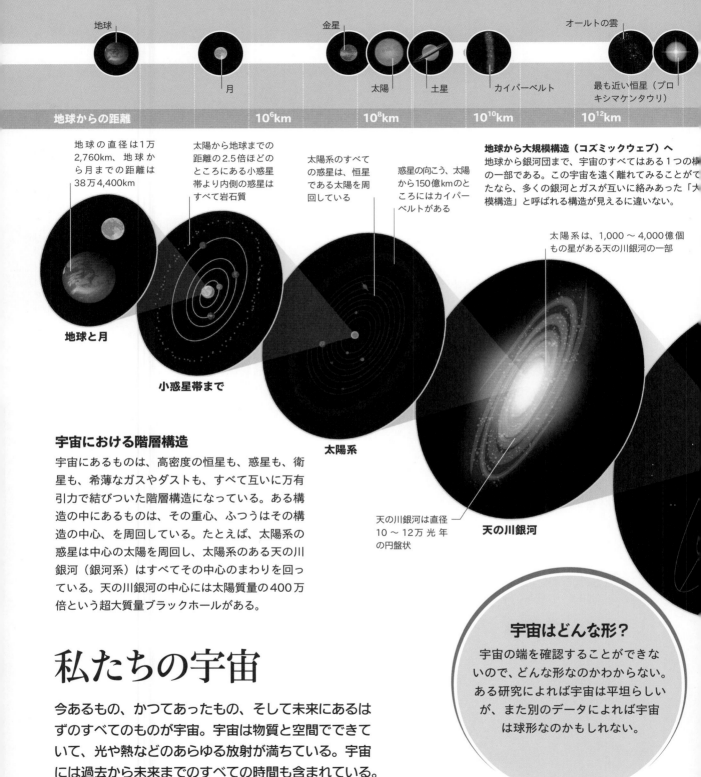

地球

月

金星

太陽　　　土星

カイパーベルト

オールトの雲

最も近い恒星（プロ
キシマケンタウリ）

地球からの距離　　　　　　　　　10^6km　　　　　　　10^8km　　　　　10^{10}km　　　10^{12}km

地球の直径は1万
2,760km、地球か
ら月までの距離は
38万4,400km

太陽から地球までの
距離の2.5倍ほどの
ところにある小惑星
帯より内側の惑星は
すべて岩石質

太陽系のすべて
の惑星は、恒星
である太陽を周
回している

惑星の向こう、太陽
から150億kmのと
ころにはカイパー
ベルトがある

地球から大規模構造（コズミックウェブ）へ
地球から銀河団まで、宇宙のすべてはある1つの構
〔造〕の一部である。この宇宙を遠く離れてみることがで
〔き〕たなら、多くの銀河とガスが互いに絡みあった「大
〔規〕模構造」と呼ばれる構造が見えるに違いない。

太陽系は、1,000 ～ 4,000億個
もの星がある天の川銀河の一部

地球と月

小惑星帯まで

太陽系

天の川銀河は直径
10 ～ 12万光年
の円盤状

天の川銀河

宇宙における階層構造
宇宙にあるものは、高密度の恒星も、惑星も、衛
星も、希薄なガスやダストも、すべて互いに万有
引力で結びついた階層構造になっている。ある構
造の中にあるものは、その重心、ふつうはその構
造の中心、を周回している。たとえば、太陽系の
惑星は中心の太陽を周回し、太陽系のある天の川
銀河（銀河系）はすべてその中心のまわりを回っ
ている。天の川銀河の中心には太陽質量の400万
倍という超大質量ブラックホールがある。

私たちの宇宙

今あるもの、かつてあったもの、そして未来にあるは
ずのすべてのものが宇宙。宇宙は物質と空間でできて
いて、光や熱などのあらゆる放射が満ちている。宇宙
には過去から未来までのすべての時間も含まれている。

宇宙はどんな形？
宇宙の端を確認することができな
いので、どんな形なのかわからない。
ある研究によれば宇宙は平坦らしい
が、また別のデータによれば宇宙
は球形なのかもしれない。

半径1,000光年
の球面

アンドロメダ銀河

観測可能な宇宙の端

肉眼で見える星の
90%はこの範囲

天の川銀
河の中心

おとめ座銀河団

最も近いクエーサー

10^{16}km

10^{18}km

10^{20}km

10^{22}km

宇宙空間での距離

宇宙での距離はふつうのものさしで表現することはできない。この図ではそれぞれの区切りはその直前の区切りの10倍になっている。

宇宙の年齢は 138億年である

大きさと距離

太陽系の外側はとんでもなく広大なので、距離を測るには新しい単位が必要である。そのような単位の1つが光年で、1光年は光、あるいは電磁波の粒子である光子が1年かけて飛行する距離に等しく、およそ9.5兆kmである。私たちが観測できる範囲を観測可能な宇宙と呼んでいるが、この範囲はビッグバン以降の時間をかけて光が到達した距離までである。宇宙光の地平面と呼ぶこの宇宙の果てより向こうを私たちは見ることはできない。宇宙全体の大きさはわからない。1つの可能性は、端がないという意味で無限である。

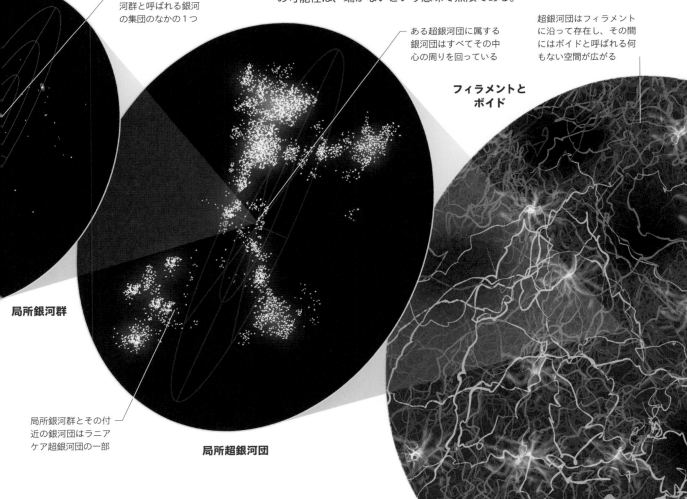

天の川銀河は局所銀河群と呼ばれる銀河の集団のなかの1つ

ある超銀河団に属する銀河はすべてその中心の周りを回っている

超銀河団はフィラメントに沿って存在し、その間にはボイドと呼ばれる何もない空間が広がる

**フィラメントと
ボイド**

局所銀河群

局所銀河群とその付近の銀河団はラニアケア超銀河団の一部

局所超銀河団

空を見上げて

人類は長い間、空を動いていく太陽を見て、太陽が地球の周りを回っていると考えていた。今、私たちは地球が太陽の周りを公転し、さらに地軸の周りを自転していることを知っている。そして夜空が回って見えることも同じ動きによるということを。

天球

肉眼で見える惑星は夜空の星々よりはずっと近くにある。しかし、天文学では、ある大きな半径の仮想的な球面が地球の外側にあって、恒星、惑星、月などのすべての天体はその球面上の点であると考えて天体の位置を決めている。この球面を天球と呼ぶ。

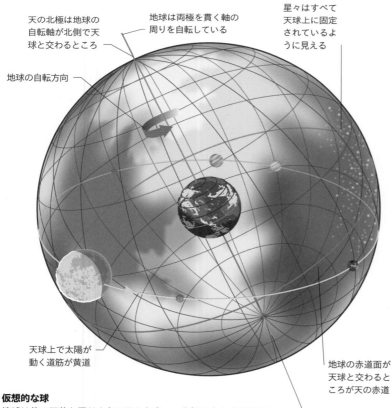

天の北極は地球の自転軸が北側で天球と交わるところ

地球は両極を貫く軸の周りを自転している

星々はすべて天球上に固定されているように見える

地球の自転方向

天球上で太陽が動く道筋が黄道

地球の赤道面が天球と交わるところが天の赤道

地球の自転軸が南側で天球と交わるところが天の南極

仮想的な球

地球は他の天体と同じように西から東へ、北極の方から見下ろせば反時計回りに自転している。つまり仮想的な球である天球は地球の周りを東から西へ回っているように見えるということである。

太陽までの距離は？

地球は楕円軌道を公転しているので、地球と太陽の距離は一定ではなく、もっとも近い近日点では1億4,710万km、もっとも遠い遠日点では1億5,210万km。

夜空の移り変わり

天球は絶えず地球の周りを回っている。つまり、星々は互いの位置関係は固定されたままで、空に弧を描く。天の北極や南極の近く以外のほとんどの星はのぼってきて、沈んでいく。地球は太陽の周りを公転しているので、夜空に見える星は季節とともに変化し1年間でもどってくる。つまり夜空の星は毎日少しずつ位置を変えていく。もし毎夜、正確に同じ時刻に空を見上げれば、星の見える方向はおよそ1°ずつずれていくはずである。

8月の観測者の位置

黄道

地球が太陽を周回する 1 年の間に、太陽は天球上の線に沿って移動するように見える。地球の公転面上にあるこの経路を黄道と呼んでいる。惑星は地球とほぼ同じ面上を公転しているので、いつもこの線の近くに見える。月は黄道に対してやや浅い角度で約 4 週間の周期で周回し、月が黄道を横切るときには食が起きることがある。

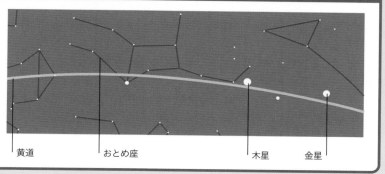

黄道　　おとめ座　　木星　　金星

視差

片目で何かを見て、次に反対の目で同じものを見ると少しずれて見えるように、地球が公転軌道のどこにいるかによって同じ天体でも見える方向がずれる。この 2 つの方向の間の角度を視差という。地球に近い天体ほど視差は大きいが、実際には恒星はとても遠いので、その視差はこの図よりはるかに小さい。視差を測れば恒星までの距離を計算できる。

2 月にプレアデス星団が見える方向

8 月にプレアデス星団が見える方向

それぞれの線は天の北極を中心として回る周極星の軌跡

天の北極の位置

プレアデス星団

プレアデス星団は 8 月にはやや低い角度に見える

視差

プレアデス星団は 2 月にはやや異なる方向に見える

ここでは誇張して描いているが、実際の視差はとても小さな角度である

地球の公転方向

周極星

のぼったり、沈んだりせずに一晩中見えている星がある。これらの星は極を中心に回って見える周極星で、長時間露光で撮影すれば同心円の軌跡を見ることができる。

太陽

2 月の観測者の位置

太陽の次に地球に近い恒星はおよそ4.22光年のかなたにあるプロキシマケンタウリ

地球の1年

地球上では、天体に関する現象は地球、太陽、月の運動によって決まる周期で起こる。1日、1年といった時間の単位や季節も、身近な天文ショーである月食や日食もそのような運動の周期で決まっている。

地球上の季節

地球は太陽の周りを公転しながら、南極と北極を結ぶ軸の周りを自転している。地球の自転の軸である地軸は、太陽を回る公転面に垂直な方向から23.4°傾いている。この傾きによって、公転軌道上のある点では地球の北極が太陽の方に向き、また別の点では逆方向になる。この傾きのせいで、地球の北半球や南半球が受ける太陽光の量が1年の間に変化するので、それぞれの半球上に季節の変化が現れる。

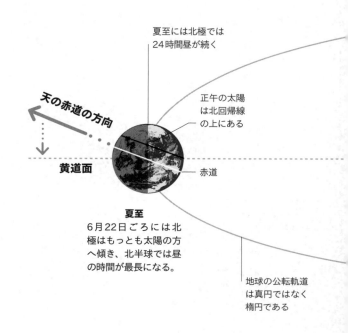

北緯23.4°の北回帰線上では南回帰線上よりも太陽光の入射量が少ない

地軸は地球の公転面に垂直な方向から23.4°傾いている

北極

北回帰線

太陽光

赤道

南緯23.4°の南回帰線上ではこの季節には太陽光の入射量が多い

南回帰線

南極

地球の傾き
太陽から遠くなる方へ傾いた半球では地表の単位面積当たりの太陽光の入射量が少なくなって地表が暖まりにくく、反対側の半球よりも寒くなる。

1日の長さと1年の長さ

1日、あるいは1年の長さの決め方には2種類ある。1太陽年というのは公転軌道上で春分点を基準として地球が太陽を一周して戻ってくるまでの時間、1恒星年というのは遠方の恒星から見て地球が太陽を一周する時間である。地球の自転軸が歳差によって自転と反対方向に回転して春分点が移動するため、1太陽年は1恒星年よりも約20分短い。地球は1回自転する間に公転によって約1°移動するので、地球上のある点での太陽の南中から次の南中までの1太陽日は、遠方の恒星から見て地球が1回自転する1恒星日より約4分長い。

夏至には北極では24時間昼が続く

正午の太陽は北回帰線の上にある

天の赤道の方向

黄道面

赤道

夏至
6月22日ごろには北極はもっとも太陽の方へ傾き、北半球では昼の時間が最長になる。

地球の公転軌道は真円ではなく楕円である

至点と分点
至点ではどちらかの半球で昼の長さが最長となり、半年後に他方の半球で同じことが起こる。分点では地球上のどこでも昼夜の長さはほぼ12時間ずつである。

地球が傾いているのはなぜ？

約46億年前に太陽系ができたとき、地球は惑星程度の大きさの天体との衝突を繰りかえした。最後に火星くらいの大きさの天体と衝突して地軸が傾いたと考えられている。

地球は北半球が冬である**1月にもっとも太陽に近づく**（現在の近日点）

歳差

重力の影響で、地球の回転軸はコマが首を振るように円錐状に動く。この運動を歳差と呼び、周期は2万5,772年である。現在は北極のほぼ真上に北極星があるが、いつかベガが真北の星となる。

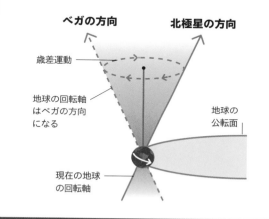

ベガの方向

北極星の方向

歳差運動

地球の回転軸はベガの方向になる

地球の公転面

現在の地球の回転軸

正午の太陽は赤道の真上にある

春分
3月21日ごろには地球は太陽に対しては傾いておらず、正午の太陽は赤道の真上にある。

太陽

地球は西から東へ自転している

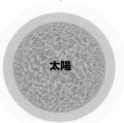

秋分
9月23日ごろには地球は太陽に対しては傾いておらず、正午の太陽は赤道の真上にある。

地球の軌道面は天球上で太陽の見かけの通り道となり黄道と呼ばれる

地球の公転

冬至
12月22日ごろには北極は太陽からもっとも遠くなり、北半球では一年で昼の時間が最短になる。

天の北極の方向

地軸は公転面に垂直な方向に対して23.4°傾いている

正午の太陽は南回帰線の真上にある

冬至には南極では一日中太陽は沈まない

天の南極の方向

人工衛星や宇宙機は夜空を動く光の点として見える。なかでも国際宇宙ステーションはとても明るい

人工衛星

地球の唯一の衛星である月は29.5日の周期で満ち欠けを繰り返している

月

天の川

惑星

土星、木星、火星、金星などの惑星は見える位置にあるときにはとても明るい

恒星

星座

夜空に見える天体の大部分は恒星であり、このさそり座のアンタレスのようにすべて私たちの銀河である天の川銀河にある

夜空を横切るぼんやりした光の帯は天の川銀河の中心部のバルジ（128頁参照）

天球面は88の星座に区切られていて、このてんびん座のようにそれぞれの星座には星を想像上の線でつないだ絵があてはめられている

肉眼では何が見える？

夜空には無限の驚異があり、それを見るためには目さえあればよい。ある晩、ほんの1時間あれば、数え切れないほどの星、少なくとも1つぐらいは流れ星や人工衛星、そしておそらく惑星の1つか2つも見えるはず。夜空の素晴らしさを損なう人工の光がなければ、私たちの天の川銀河の中心の星々やダストからの光も空を横切るぼんやりした帯のように輝いているのだから。

肉眼で見える星はいくつぐらい？

条件が完璧で、視力がとてもよければ、肉眼で見える星の数は1等星から6等星まで合わせて8,600個ほどである。ただし、一度に見えるのは地平線の上に出ている4,300個が最大。

夜空に輝く天体

昼の空には太陽の光が強烈なので月以外は何も見えない。しかし太陽が地球の裏側に回って夜になれば、肉眼でも見えるものから、望遠鏡で見えるものまで、空にはいろいろな天体が現れる。

流れ星

流れ星は彗星や小惑星の破片である岩石やダストが高速で大気圏に突入して蒸発しガスになって光るもの

爆発した星の残骸であるかに星雲を見るには双眼鏡が必要

星雲

惑星の環

高性能な双眼鏡か小型望遠鏡があれば土星の環が見える

双眼鏡や望遠鏡で見える世界

双眼鏡は持ち運びやすく使いやすいので、数倍から10倍程度の倍率で夜空をもっと楽しむことができる。倍率100倍程度の小型望遠鏡で月の表面や土星の環、さらに倍率を上げれば木星の縞模様を見ることができる。

拡大すると何が見える？

肉眼でもたくさんの魅力的な天体が見えるけれども、遠くにあるものを拡大して見る道具があればずっと新しい世界が広がる。双眼鏡を使えば、惑星の色、星雲の細かいところ、月の表面のクレーター、それに星団も見える。小さな望遠鏡でも、土星の環や近くの銀河の形が見えてくる。もっと大きな望遠鏡があれば天の川銀河より遠いところを見ることもできる。

肉眼で見えるもの

この図のような天体は晴れた夜ならばすべて肉眼で見えるはずである。この図の星の大きさや位置は正確ではないが、一番明るいのはなんといっても満月。

銀河

250万光年離れたアンドロメダ銀河は肉眼で見える最も遠い天体。でも低倍率の望遠鏡を使えば、視野からはみ出さずに細かいところまで見ることができる

星の瞬き

星は地球の大気の揺らぎによって瞬いて見える。大気の温度や密度の変化が光の方向をわずかに変える。恒星の光は惑星よりもずっと遠く、点光源とみなせるところからやってくるので、この効果は惑星よりも恒星に大きく現れる。さらに地平線近くの低い星では光が大気中を長く進むので瞬きが目立つ。

大気中を通過する経路が短ければあまり瞬かない

大気中を通過する経路が長いと大気の揺らぎの影響を大きく受ける

肉眼で見えるほとんどすべての恒星は太陽よりも大きくて明るい

星座

天文学では夜空は星座という区画に分けられている。古くは星座というと星と星を線で結んで描いた絵であったけれども、20世紀の初めに空を区切るものとして定義しなおされた。星座に含まれる星はあたかもグループになっているように見えるが宇宙空間では必ずしも互いに近いところにあるわけではない。

88星座は天球全体を埋め尽くすように決められている

天球

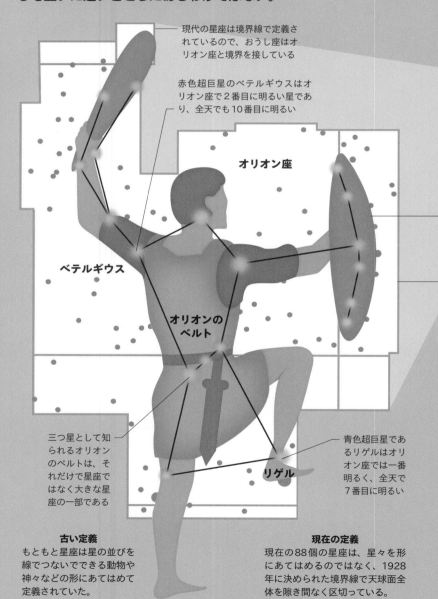

現代の星座は境界線で定義されているので、おうし座はオリオン座と境界を接している

赤色超巨星のベテルギウスはオリオン座で2番目に明るい星であり、全天でも10番目に明るい

オリオン座

ベテルギウス

星を結んだ想像上の線で描かれた形は古代の猟師オリオンの姿になぞらえている

オリオンのベルト

現代の星座の境界線は天球上の赤緯・赤経（20頁参照）に沿った直線である

三つ星として知られるオリオンのベルトは、それだけで星座ではなく大きな星座の一部である

青色超巨星であるリゲルはオリオン座では一番明るく、全天で7番目に明るい

リゲル

夜空に浮かぶ絵

星座は星をグループに分ける1つの方法で、国際天文学連合が88の星座を定めている。星座とは星と星を線で結んで夜空に描いた動物や道具などの絵ではなく、境界線で直線的に区切られた区画のことである。88星座で天球全体がおおわれていて、ある区画内のすべての星は、たとえ形を描くために必要な星ではなくてもその星座の一部である。

古い定義
もともと星座は星の並びを線でつないでできる動物や神々などの形にあてはめて定義されていた。

現在の定義
現在の88個の星座は、星々を形にあてはめるのではなく、1928年に決められた境界線で天球面全体を隙き間なく区切っている。

黄道帯

太陽が移動し、惑星、月が運行する部分を黄道帯と呼ぶ。その範囲は黄道面の上下におよそ8°ずつである。

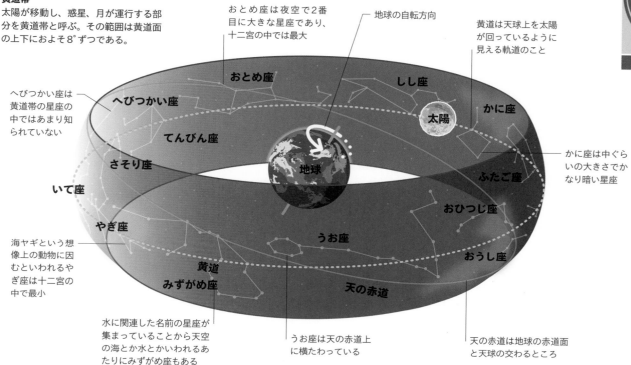

おとめ座は夜空で2番目に大きな星座であり、十二宮の中では最大

地球の自転方向

黄道は天球上を太陽が回っているように見える軌道のこと

へびつかい座は黄道帯の星座の中ではあまり知られていない

かに座は中ぐらいの大きさでかなり暗い星座

海ヤギという想像上の動物に因むといわれるやぎ座は十二宮の中で最小

水に関連した名前の星座が集まっていることから天空の海とか水とかいわれるあたりにみずがめ座もある

うお座は天の赤道上に横たわっている

天の赤道は地球の赤道面と天球の交わるところ

おとめ座　へびつかい座　しし座　かに座　てんびん座　太陽　さそり座　ふたご座　いて座　おひつじ座　やぎ座　うお座　おうし座　黄道　みずがめ座　天の赤道　地球

黄道十二宮

太陽の道筋と交差する13星座は、太陽と月や惑星が運行する帯状の領域である黄道帯の星座として知られている。そこには十二宮と呼ばれる星座と、いて座とさそり座の間に13番目のへびつかい座がある。黄道帯は天球の表面積のおよそ6分の1を占めている。

うみへび座はとても大きくて全天のおよそ3%を占めている

バイエル符号

1603年にドイツの天文学者ヨハン・バイエルが提唱した恒星の命名法が現在も使われている。恒星の名前には、所属する星座名にギリシア文字がつけられている。バイエルが使うことのできた17世紀当時の道具で見えた明るさの順に文字が与えられている。

ポルックスはバイエルの命名によればふたご座βであるが、現在ではふたご座で一番明るい星として知られている

ふたご座αのカストルは実はポルックスより暗い

ふたご座

星座は時間とともに変化する？

5万年ほど経つと、現在の配置とは様変わりする星座もある。遠くにある星ほど、地球から見える位置は変わらない。

夜空の案内図

星図は天球面（12頁参照）の一部を平らにしたもので、恒星と星座の位置と名前が書き込まれ、さらに星団や星雲が加わることもある。ふつうは明るい星を大きな点で、暗い星を小さな点で描いている。

星空ナビゲーション

星空の見え方は現在地の緯度によって違うので、観測者が今いるところに対応する星図が必要になる。夜空を見上げたら、まずいくつかの明るい星と星座を見つけて、それを手がかりに他の星を探そう。そのときに便利な道具は楕円形の窓がついた円盤型の星座早見盤で、ある日ある時刻に見える星空を案内してくれる。

北半球の星
この星図には天球の北半球部分（濃い青色）と南半球の30°までの部分（薄い青色）が描かれている。ズーベ（おおぐま座α）とメラク（おおぐま座β）は北極星へのガイドとなる。

天球上の星の位置は赤道座標の赤緯と赤経で表し、地球の赤道を天球上に投影した天の赤道が赤緯0°、天の北極は赤緯90°、南極は-90°である

天の赤道と黄道は春分点と秋分点で交わる。赤道座標の赤経は時分秒で表し、春分点が赤経の0時で、一周すると24時である

この破線は天球上での太陽の通り道である黄道を示している

有名な散開星団（96-97頁参照）プレアデス（すばる）は肉眼でも輝いて見える一群の星

こぐま座の中で小北斗七星ともよばれる小さなひしゃくの柄の先端が北極星

北極星は天の北極から1°以内のところにある

北極星への案内となるズーベ（上）とメラク（下）

北斗七星の柄の先端がアルカイド（おおぐま座η）

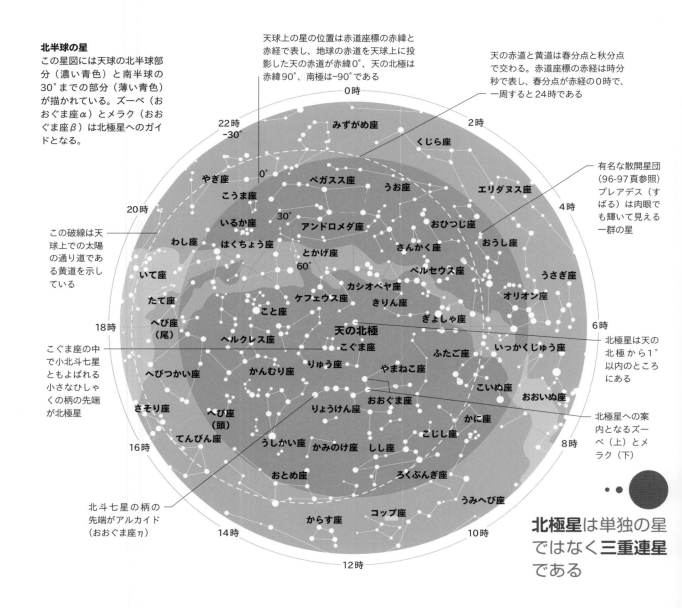

北極星は単独の星ではなく**三重連星**である

地球から一番近い恒星は？

プロキシマケンタウリは地球から4.22光年離れたところにあってもっとも近い恒星。もっとも近い恒星系のケンタウルス座αまでは4.37光年。

ボートルスケール

都市部では人工の光が夜の星空を邪魔して明るい星しか見えないことがある。光害がひどくなれば見える星は減ってしまう。ある土地での光害を評価するために2001年にボートルスケールが考案された。1から9の尺度があり、1がもっともきれいな空を意味する。

1	2	3	4	5	6	7	8/9
完全に真っ暗な空	暗い空	田園地帯の空	田園地帯と郊外の境	郊外の空	明るい郊外の空	都市部と郊外の境	都市部の空

南半球の星
北半球とは違って天の南極の付近には明るい星はないが、南極の方向は南十字星と呼ばれる星々でわかる。

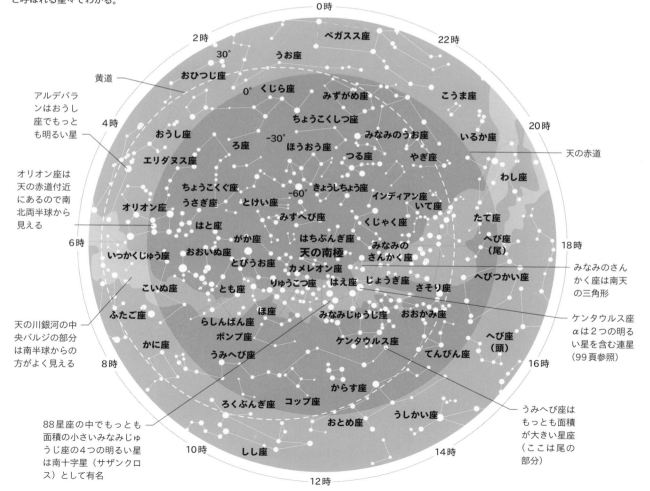

アルデバランはおうし座でもっとも明るい星

オリオン座は天の赤道付近にあるので南北両半球から見える

天の川銀河の中央バルジの部分は南半球からの方がよく見える

88星座の中でもっとも面積の小さいみなみじゅうじ座の4つの明るい星は南十字星（サザンクロス）として有名

みなみのさんかく座は南天の三角形

ケンタウルス座αは2つの明るい星を含む連星（99頁参照）

うみへび座はもっとも面積が大きい星座（ここは尾の部分）

天の赤道

望遠鏡

肉眼でも夜空にはたくさんの星が見える。でもその星をもっと詳しく見たい、もっと暗い星も見たい、というときには光を集めて像を拡大できるような装置が必要になる。鏡かレンズを使ってこれを実現するのが望遠鏡である。

反射望遠鏡

望遠鏡はできるだけ多くの光を集め、さらにその光をある一点に集中させて、遠くの天体の鮮明な像を作る。反射望遠鏡はある物体からの光を凹面鏡、および平面鏡を使って集光する。レンズを使う屈折望遠鏡と比べたときの反射望遠鏡の利点の1つは、鏡はレンズと違ってかなり大きなものを作っても重くなりすぎないということである。

反射望遠鏡のしくみ

望遠鏡の倍率は、焦点距離、すなわちレンズまたは鏡から光線が集まる点（焦点）までの距離に依存する。接眼レンズの焦点距離が同じならば主鏡の焦点距離が長いほど倍率は大きい。

4 **接眼部**
接眼レンズは像を拡大する。このレンズの焦点距離が短い方が像は大きくなる。

3 **副鏡**
主鏡を反射した光は少し小さい平面鏡である副鏡に向かい、そこで反射した光は焦点に向かって収束する。

1 **入射光**
平行な光線が望遠鏡の先端から入る。

目

接眼レンズの焦点距離

像に焦点を合わせるためにレンズを動かすことができる

焦点

入射光

副鏡

副鏡で反射した光は接眼レンズに向かう

主鏡の焦点距離

見たい星の方向に望遠鏡を向けるためにふつうは架台に載せる

主鏡

2 **主鏡**
光線は主鏡、あるいは対物鏡と呼ばれる大きな鏡で集められる。図はアイザック・ニュートンに因んでニュートン式望遠鏡と呼ばれるもので、主鏡には凹面（放物面）鏡を使う。

光はまず主鏡で反射する

ガリレオは望遠鏡を使いすぎて目が見えなくなった？

これは広く伝えられている作り話で、白内障と緑内障の併発で72歳の時に失明してしまったというのが真実らしい。

屈折望遠鏡

屈折望遠鏡ではレンズを使って拡大像を作る。この望遠鏡は反射式に比べて頑丈で管理もしやすいが、遠くの対象を見るには大きなレンズが必要で重くなってしまう。さらにレンズが大きくなるとごく小さなレンズの欠陥も最終的な像に大きな影響を与えるということでもある。また、色によって波長が異なるため、レンズによる屈折率が違うことによる色収差と呼ばれる欠点もある。

屈折望遠鏡のしくみ
2枚の凸レンズがあれば簡単なケプラー式の屈折望遠鏡ができる。対物レンズの方が大きくて、遠くの対象からの光を集める。

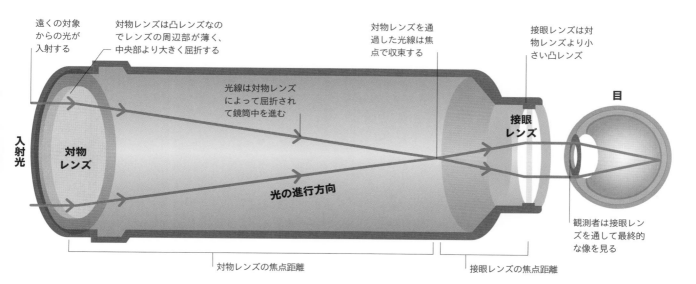

遠くの対象からの光が入射する

対物レンズは凸レンズなのでレンズの周辺部が薄く、中央部より大きく屈折する

光線は対物レンズによって屈折されて鏡筒中を進む

対物レンズを通過した光線は焦点で収束する

接眼レンズは対物レンズより小さい凸レンズ

目

入射光

対物レンズ

接眼レンズ

光の進行方向

観測者は接眼レンズを通して最終的な像を見る

対物レンズの焦点距離

接眼レンズの焦点距離

1 対物レンズ
望遠鏡に入射した平行光線が対物レンズに入る。凸レンズなので光線は焦点に集まる。接眼レンズの焦点距離が同じならば対物レンズの焦点距離が長い方が倍率は大きい。

2 焦点
対物レンズを通った光線が焦点に集まり、鮮明な像を作る。そこからさらに分散する。

3 接眼レンズ
対物レンズからきた光は小さなレンズで屈折されて平行光線になって目の中に虚像を作る。

望遠鏡の架台

望遠鏡は使いやすいようにふつうは架台に設置される。望遠鏡用の架台には経緯台と赤道儀の2種類がある。経緯台には鉛直方向の回転軸（方位軸）と水平方向の回転軸（高度軸）があって天体を追跡できる。赤道儀では1つの軸（極軸）を地球の自転軸に平行にして極軸の周りに回転させることで天体の日周運動を追尾できる。

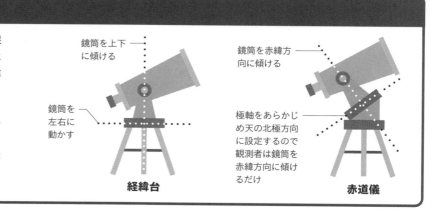

鏡筒を上下に傾ける

鏡筒を左右に動かす

鏡筒を赤緯方向に傾ける

極軸をあらかじめ天の北極方向に設定するので観測者は鏡筒を赤緯方向に傾けるだけ

経緯台

赤道儀

大型の望遠鏡

世界各地の天文台には観測可能な宇宙の果て（160–61頁参照）からの光を集める光学機械としていろいろな巨大望遠鏡が設置されている。可視光ではない電磁波を観測するための望遠鏡も稼働している。

大型光学望遠鏡

地上では大きな望遠鏡の多くは南米のアタカマ砂漠のような乾燥した高地に建設されている。標高が高く湿度が低ければ、光線が通過する大気の揺らぎの影響を減らすことができる。もっと遠い宇宙の観測には宇宙望遠鏡（186–87頁参照）を使っていて、そこでは大気の影響を受けることはない。地上では大気による歪みを打ち消すために補償光学という技術が導入されている。

補償光学

高度90km付近の中間圏のナトリウム原子をレーザー光で励起して発生させた人工のガイド星を使って大気の揺らぎを検出する。分割された主鏡をその結果に合わせて変形させると、大気の揺らぎによって歪んだ天体の像がリアルタイムに修正されて揺らぎの影響のない像となって焦点へ送られる。この技術を補償光学と呼ぶ。

鋼鉄製のプラットフォームに接眼部とともに設置されたナスミス焦点

遠方の天体からの光

中間圏

大気中のナトリウム原子をレーザー光によって励起してガイド星を生成する

ガイド星

大気の揺らぎ

入射光

1 入射光
遠方の天体からの光は直進して主鏡へ入る。

副鏡

3 副鏡
主鏡で反射した光は、主鏡の15m上の鋼鉄製の台に設置されたやや小さい凸面鏡で反射される。

レーザー光

主鏡は36枚の六角形の鏡

4 第三鏡
この鏡は回転でき、副鏡からの光を反射して、望遠鏡のそばに設置されたナスミス焦点へ送る。

第三鏡

主鏡

2 主鏡
入射光はまず36分割された主鏡に入るが、この鏡面は大気による歪みを解消するために1秒間に最大2,000回の高速変形が可能である。

ケック望遠鏡

ハワイのマウナケア山頂に近いケック天文台には可視光から赤外光を観測できる2台の大型望遠鏡があり、どちらの主鏡も6角形のユニット鏡36枚をつなぎ合わせた直径10mの分割鏡である。

信号はアンテナの凹面で反射する

副反射鏡

天体からの電波信号

フィードホーン

主反射鏡

1 **入射信号**
入射電波を反射する主反射鏡はできるだけ多くの信号を受けるように大きく作られている。遠方の天体からの信号はきわめて微弱なことが多いからでもある。

2 **副反射鏡**
主反射鏡からの電波がちょうど集まるところに置かれた副反射鏡に入る。

望遠鏡のいろいろ

光学望遠鏡の他に、観測する放射の波長によって、電波望遠鏡、サブミリ波望遠鏡、赤外望遠鏡、紫外望遠鏡などがある。ある天体のスペクトルの限られた領域だけでなく複数の領域を観測することでより多くの情報を得ることができる。

電波望遠鏡のしくみ

電波望遠鏡は宇宙からの波長の長い電磁波を受信するように設計されている。大きなパラボラアンテナ（放物面反射鏡）で反射した電波が副反射鏡を経て受信機に送られるようになっている。

受信機から信号をコンピュータに転送する

コンピュータと記録装置で信号を解析する

信号を伝送する光ファイバーケーブル

受信機

3 **フィードホーン**
副反射鏡で反射した信号は主反射鏡の中心にあるフィードホーンと呼ばれるアンテナに入る。

4 **受信機**
信号電波の周波数を変換し、増幅し、電気信号をコンピュータに送る。

5 **コンピュータ**
信号はコンピュータに蓄積され、その場で、あるいは別の場所に送信されて解析される。

世界一高いところにある天文台は？
東京大学アタカマ天文台は南米チリ共和国のチャナントール山頂、標高5,640mにある。

天文干渉計

天文干渉計とは2台以上の望遠鏡からの光や信号を合わせる方法で、直径何百mもの大きな鏡やアンテナを使ったかのように詳細な観測が可能になる。適当に配置された複数の望遠鏡で1つの天体を同時に観測し、デジタル相関器で望遠鏡間の時刻のずれを考慮して信号を処理する。チリのアタカマ大型ミリ波サブミリ波干渉計ALMA（116頁）、アメリカの超大型電波干渉計群VLA（51頁）などがある。

ケック望遠鏡は**2008年**に**太陽系外惑星系を初め**て捉えた

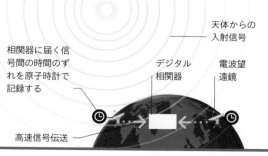

天体からの入射信号

相関器に届く信号間の時間のずれを原子時計で記録する

デジタル相関器

電波望遠鏡

高速信号伝送

光のスペクトル

恒星などの天体が放射したり吸収したりする光を調べると、そこにどんな元素や分子が存在しているかを知ることができる。星からの光を虹のように波長ごとのスペクトルに分解して調べる技術を分光法という。

星は何でできているか？

可視光は電磁波の一部である（152-53頁参照）。元素はその固有のエネルギー準位に応じた波長の光を放射している。特定の元素に対応する波長はわかっているので、光を解析する装置を用いれば、星などの天体、ブラックホールや星雲（94-95頁参照）などが何でできているかを調べることができる。そのための装置の1つが、光線をプリズムに入れて含まれている波長に分解する分光器である。

青、紫は波長が短くエネルギーが高くてプリズム面で大きく屈折する

光の波長ごとに屈折の角度が異なる

星からの光

星からの光がプリズムに入射する

分光プリズム

赤、橙は波長が長くエネルギーは低くて屈折の角度も小さい

星

分光器のしくみ
星の光が透明なプリズムに入ると光は減速する。減速の程度は光の波長によって異なるのでプリズムに斜めに入射した光は境界面で波長ごとに異なる角度で屈折する。プリズムから出るときの屈折も波長によって異なるので、虹のように分解して見える。

高分散分光器

高分散分光器は一般の分光器より複雑な装置である。光をずっと細かい波長レベルに分解するために、薄いスリット、鏡、たくさんの透明な平行線を刻んだ不透明なスクリーンである回折格子を使う。この装置の出力は連続的な虹ではなく、波長ごとに細かく分離されたスペクトルである。さらにマルチスリット分光という技術を使うと、装置の視野の中の2つ以上の天体からの光のスペクトルを同時に調べることもできる。

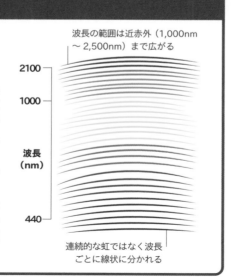

波長の範囲は近赤外（1,000nm〜2,500nm）まで広がる

2100

1000

**波長
(nm)**

440

連続的な虹ではなく波長ごとに線状に分かれる

高分散分光観測によってその**天体の視線方向の速度**を測定できる

星の光を初めて解析したのはだれ？

ドイツの物理学者フラウンホーファーが1814年に分光器を製作し、それを使って太陽のスペクトルを調べた。太陽スペクトル中の吸収線、フラウンホーファー線に名を残す。

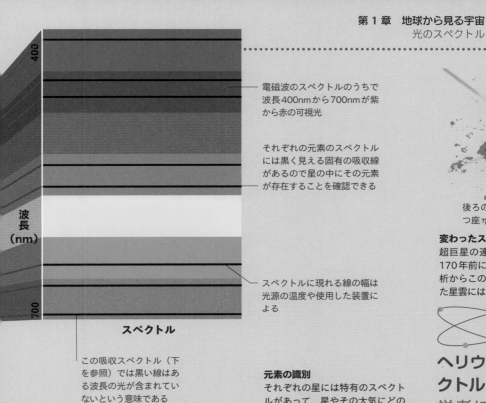

波長
（nm）

400

700

スペクトル

電磁波のスペクトルのうちで波長400nmから700nmが紫から赤の可視光

それぞれの元素のスペクトルには黒く見える固有の吸収線があるので星の中にその元素が存在することを確認できる

スペクトルに現れる線の幅は光源の温度や使用した装置による

この吸収スペクトル（下を参照）では黒い線はある波長の光が含まれていないという意味である

元素の識別
それぞれの星には特有のスペクトルがあって、星やその大気にどのような元素が存在するかをはっきりと示している。スペクトルを見れば、多くの星に共通のものや特有のものなどが見分けられる。

後ろのりゅうこつ座ηからの光　　ダンベル型の星雲

変わったスペクトルを示す星
超巨星の連星であるりゅうこつ座ηの大増光が170年前に観測された。この星のスペクトルの解析からこの大爆発で放出された物質によってできた星雲にはニッケルや鉄が多いことがわかる。

ヘリウム原子は太陽のスペクトルを解析していた天文学者によって1868年に発見された

スペクトルのいろいろ

分光スペクトルには観測する対象によって3つの種類がある。固体や高密度のガスの場合は虹のような連続スペクトルで可視光の波長を含んでいる。吸収スペクトルは星のような高温の物体の手前に低温のガスがある場合に見られる。このスペクトルはガス雲の中の原子が星の光のある特定の波長のエネルギーを吸収し、でたらめな方向へそれを再放出することでできる。輝線スペクトルは高温で低密度のガスによるもので、元素によって決まる一連の特定の波長のみを発光する。

典型的なスペクトル
3種類のスペクトルパターンの模式図を示す。吸収スペクトルは連続スペクトルから輝線スペクトルを差し引いたように見える。太陽光はほとんど連続なスペクトルを示すが、その中に周囲のガスによる吸収線が見られる。

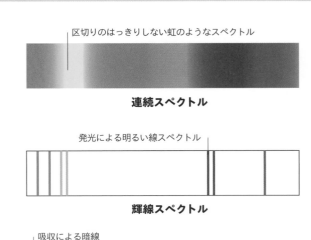

区切りのはっきりしない虹のようなスペクトル

連続スペクトル

発光による明るい線スペクトル

輝線スペクトル

吸収による暗線

吸収スペクトル

宇宙から飛来する岩石

氷や金属ばかりではなく、多くの大小の岩石が
太陽を周回している。彗星や小惑星などのよう
な大きいものもある。流星物質はずっと小さく、
これらが地球の大気圏に突入すると流れ星にな
る。流れ星のなかには蒸発しきれなくて地表に
衝突し隕石と呼ばれるものもある。

明るい雲のようなガ
スとダストのコマで
包まれた小さな氷と
ダストの彗星核

彗星

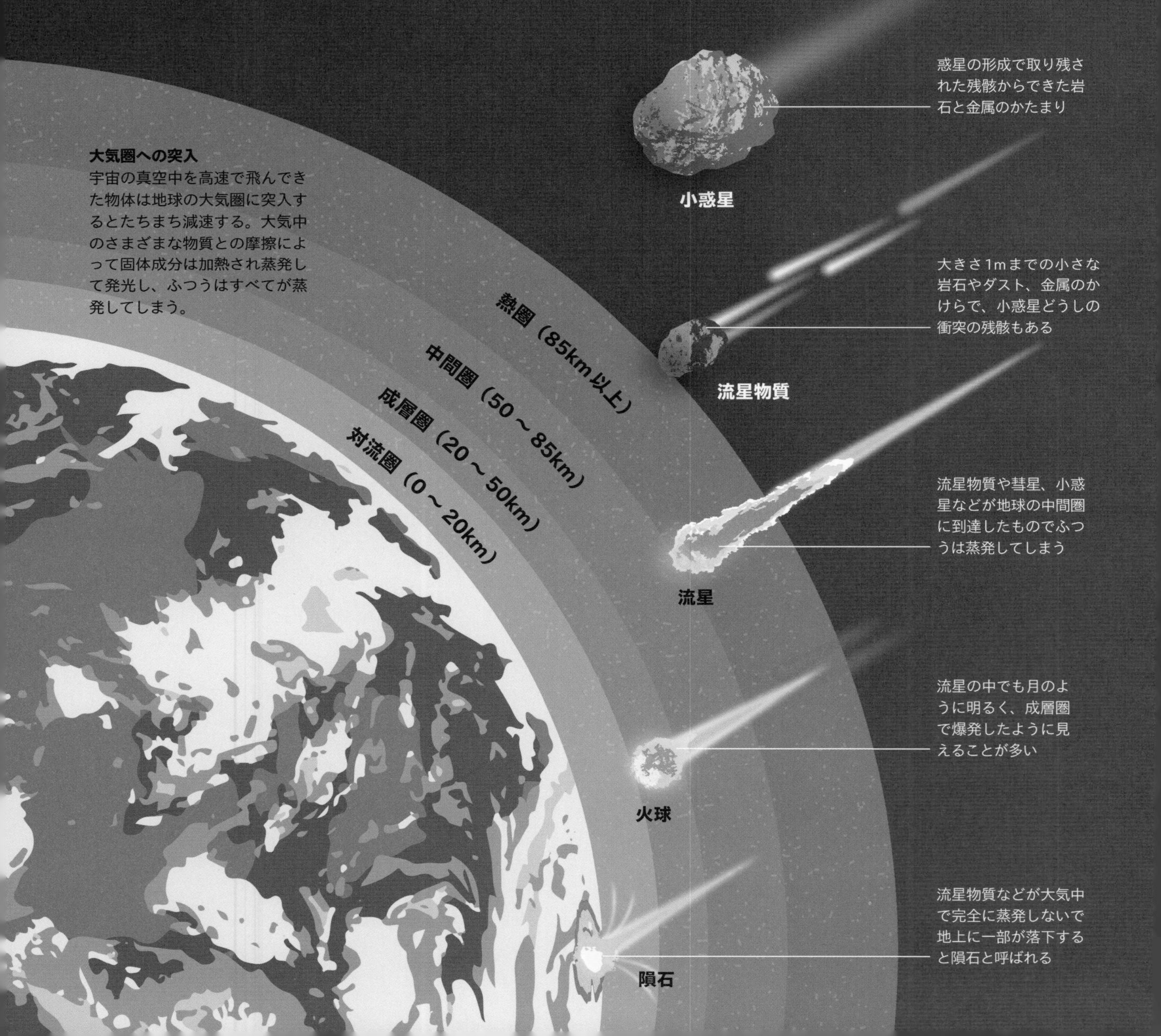

惑星の形成で取り残さ
れた残骸からできた岩
石と金属のかたまり

小惑星

大気圏への突入

宇宙の真空中を高速で飛んでき
た物体は地球の大気圏に突入す
るとたちまち減速する。大気中
のさまざまな物質との摩擦によ
って固体成分は加熱され蒸発し
て発光し、ふつうはすべてが蒸
発してしまう。

大きさ1mまでの小さな
岩石やダスト、金属のか
けらで、小惑星どうしの
衝突の残骸もある

熱圏（85km以上）

中間圏（50〜85km）

成層圏（20〜50km）

対流圏（0〜20km）

流星物質

流星物質や彗星、小惑
星などが地球の中間圏
に到達したものでふつ
うは蒸発してしまう

流星

流星の中でも月のよ
うに明るく、成層圏
で爆発したように見
えることが多い

火球

流星物質などが大気中
で完全に蒸発しないで
地上に一部が落下する
と隕石と呼ばれる

隕石

宇宙から来る岩石のいろいろ

太陽系には惑星や衛星ができたとき以来、取り残された多くの岩石のかけらが動き回っている。1mまでの大きさの岩石は流星物質と呼ばれる。これよりも大きいけれども惑星のように球形になるには小さすぎる岩石の多くは小惑星か彗星である。小惑星の大きさは1,000km程度まで、彗星はもっと小さくて40km程度までである。小惑星の大部分は火星と木星の間の小惑星帯（メインベルト）に存在する（60-61頁参照）。彗星の起源は地球からはずっと遠いところにあり、低温なので氷を成分としている。このような物体の一部でも地球の大気に突入して蒸発、発光すれば流れ星となる。

毎日何百万個もの流星物質が地球の大気中で燃え尽きている

地球を襲った最大の隕石は？

最大の無傷な隕石は、アフリカ南西部のナミビアで見つかったホバ隕石である。重さは60トン、8万年前に落下したと考えられている。

隕石

隕石は鉄隕石、石質隕石、石鉄隕石の3種に分類される。隕石は大気中を通過する際に表面が融けるので外側が輝いて見えることが多い。もともと岩石質の小惑星のかけらだったものもあって太陽系の初期の情報を窺うことができる。

隕石の分類

種類	組成	起源	落下頻度
鉄	鉄とニッケルの合金が大部分で他の鉱物が少し含まれる	生成の初期に融けた小惑星のコアであると考えられている	5.4 %
石質	ケイ酸塩鉱物でエコンドライトとコンドライトの2種類がある。コンドライトには一度溶融した球状のコンドリュールが含まれる	エコンドライトは母天体である小惑星の溶融によってできるが、コンドライトは原始の太陽系のダストや氷、岩石からできている	93.3%
石鉄	金属とケイ酸塩鉱物の割合がほぼ等しく、パラサイトとメソシデライトの2種類がある	パラサイトは母天体の金属コアと外側のケイ酸塩マントルの間で作られ、メソシデライトは小惑星間の衝突でできた	1.3 %

流星群

太陽に近づいた彗星は太陽と逆の側に長い尾をひくが、彗星が軌道上に徐々に放出したダストは周回してトレイルとなる。地球が公転中にダストトレイルを通過すると、ダストは大気中で流れ星となる。通過中には1時間に数十から数百もの流れ星が天球上の1点から放射状に見える。これが流星群、または流星雨で、放射点の方向の星座の名前からふたご座流星群などと呼ばれている。

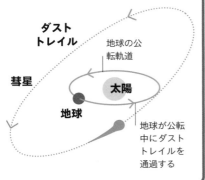

ダストトレイル

地球の公転軌道

彗星

太陽

地球

地球が公転中にダストトレイルを通過する

宇宙から飛来する粒子

宇宙はほとんど真空だけれども完全に真空というわけではない。宇宙には太陽から放出される荷電粒子の流れをはじめとしてさまざまな粒子が飛び交っている。地球に近づく粒子の大部分は地球磁場に進路を曲げられてしまうが、一部は大気に突入し影響をおよぼしている。

秒速およそ400kmでやってくる荷電粒子が**オーロラ**を発生させる

太陽風

黒点は太陽内部の磁場が表面の局所に集中することで生じ、周囲より暗く低温の領域である

太陽風とは？
太陽風は太陽の大気であるコロナから吹き出される荷電粒子で、大部分は水素イオン、他にヘリウムの原子核や炭素、窒素、酸素などの重い原子のイオンが含まれる。

太陽

プロミネンスは太陽の光球から立ちのぼって太陽コロナ中に存在するプラズマ状態の水素とヘリウムである

太陽風は2日から4日かけて地球に到達する

太陽風

太陽の外側の層であるコロナは宇宙へ広がっている

宇宙線

宇宙線という名前ではあるけれども光線ではなく、太陽系、あるいはそれよりも遠くから飛来する高エネルギーの原子核や素粒子である。その89%は正電荷をおびた陽子、つまり水素の原子核、また10%は陽子2個と中性子2個からなるヘリウムの原子核で、残りはもっと重い原子の原子核である。これらの粒子は光速に近い速度で宇宙を飛び回っている。どうしてこのような高いエネルギーに達したかはまだ完全にはわかっていない。

オーロラがカラフルなのはなぜ？

オーロラの色は、地球の大気中の原子の種類と、太陽風の粒子が原子と衝突する高度による。高度100kmに到達すると酸素原子に当たって緑色になる。

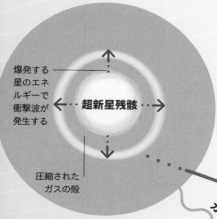

爆発する星のエネルギーで衝撃波が発生する

超新星残骸

圧縮されたガスの殻

宇宙線

ガンマ線

太陽風

太陽から吹き出される荷電粒子である太陽風は地球に到達する宇宙線の中ではもっともエネルギーが低い。太陽風の粒子が地球大気に突入すると空気中の気体粒子と衝突する。太陽風の粒子との衝突によって高エネルギー状態に励起された空気中の原子の電子は不安定なので、光の粒子である光子を放出して元の状態にもどる。放出された光がオーロラである。

進路をそらされた荷電粒子は極付近のカスプと呼ばれるところから磁気圏に進入し磁極に向かう

超新星爆発からの宇宙線

巨大な星が爆発すると衝撃波が発生し、宇宙船（荷電粒子）を加速して高いエネルギーにすると考えられている。荷電粒子は地球磁場によって地球からそれる方向へ曲げられるが、超新星残骸から放射されるガンマ線は電荷がないので曲がらない。

侵入した太陽風の粒子が磁場に捕らえられてバンアレン帯（外帯）を形成している

オーロラは地球の磁極の周囲の上空に大きなリング状に出現しオーロラオーバルと呼ばれる

地球の防御

地球の外核はおもに融けた鉄なので、その動きによって流れる電流が磁場を発生し、地球のまわりにドームのような磁気圏を作っている。それがほとんどの荷電粒子を跳ね返して地球を保護している。

南極周辺で見られるオーロラは南極光と呼ばれる

バンアレン帯（内帯）を形成しているのはおもに高エネルギーの陽子

地球磁場が太陽風を押しとどめている境界を磁気圏界面という

粒子のほとんどは磁場によって地球からそらされてしまう

空気シャワー

宇宙天気

太陽表面の磁場の活動によって宇宙天気と呼ばれる現象が引き起こされる。たとえば、太陽コロナからの質量放出は磁気嵐の原因となる。もっとも極端な場合には人工衛星の運行や地球上の発電システムに影響をおよぼす（42-43頁参照）。

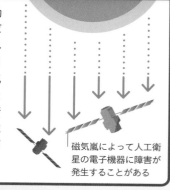

磁気嵐によって人工衛星の電子機器に障害が発生することがある

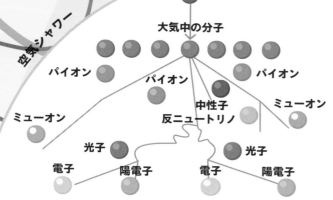

陽子

大気中の分子

パイオン　パイオン　パイオン

ミューオン　中性子　ミューオン
反ニュートリノ

光子　光子

電子　陽電子　電子　陽電子

降り注ぐ空気シャワー

宇宙線は地球大気中の酸素や窒素の原子核と衝突してパイオンという新しい粒子を作り出す。これらは空気中でさらに他の粒子と衝突したり、崩壊したりして連鎖的に粒子を作り出す。

地球外生命を探す

地球以外の星に生命が存在するか、という問いはいつの時代にも人々の想像力を刺激してきた。地球外生命を探すには、探査機を宇宙へ送ったり、異星人が発信したのかもしれない電波信号をくまなく調べたりするしかない。

高速電波バーストとは？

2007年に初めて観測された高速電波バーストはほんの数ミリ秒しか継続しない強力で奇妙なパルス電波で、遠方の銀河からやってくるが、その起源はわかっていない。

交信の試み

1974年に地球外生命体と交信するための電波信号がはじめて発信された。1985年に設立された地球外文明探索計画協会（SETI）はその活動をさらに推進してきた。最近の進展には2019年の500 m球面電波望遠鏡（FAST）の完成もある。この望遠鏡には異星人からの電波信号の受信も期待されている。

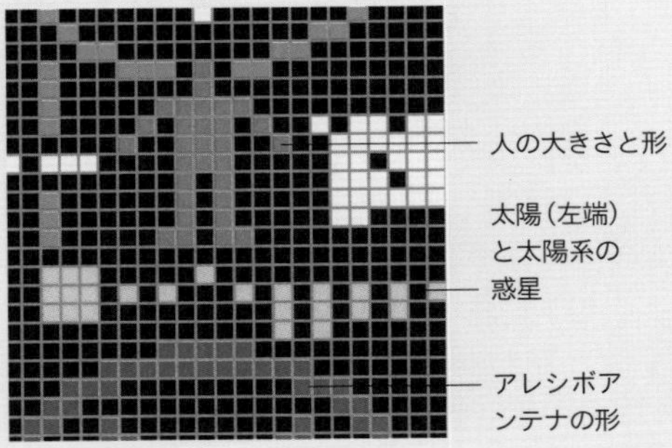

— 人の大きさと形
— 太陽（左端）と太陽系の惑星
— アレシボアンテナの形

アレシボ・メッセージ（上の図はメッセージの一部）
1974年にM13星団に向けてプエルトリコのアレシボ天文台から人類と地球に関するデータを載せた電波メッセージが送信された。これがM13に到着するのはおよそ2万5千年後である。

FAST望遠鏡の受信部の**面積はテニスコート750面分に等しい**

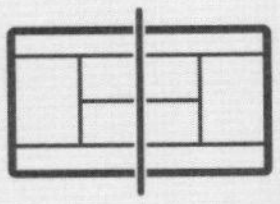

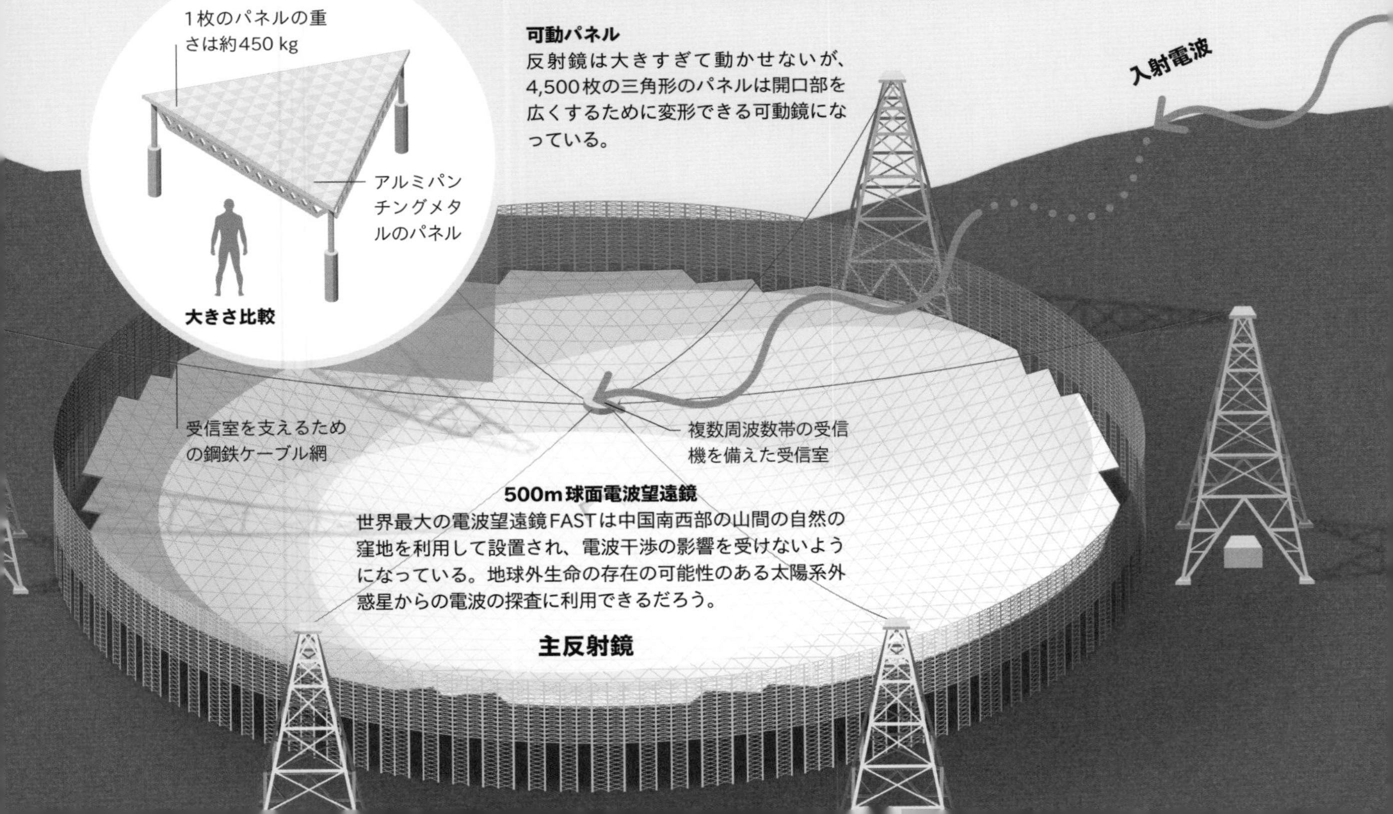

可動パネル
反射鏡は大きすぎて動かせないが、4,500枚の三角形のパネルは開口部を広くするために変形できる可動鏡になっている。

1枚のパネルの重さは約450 kg

アルミパンチングメタルのパネル

大きさ比較

入射電波

受信室を支えるための鋼鉄ケーブル網

複数周波数帯の受信機を備えた受信室

500m球面電波望遠鏡
世界最大の電波望遠鏡FASTは中国南西部の山間の自然の窪地を利用して設置され、電波干渉の影響を受けないようになっている。地球外生命の存在の可能性のある太陽系外惑星からの電波の探査に利用できるだろう。

主反射鏡

電波の窓

電波スペクトル中の周波数1,420MHzから1,640MHz
の間はウォーターホールと呼ばれている。この2つの周
波数は中性水素原子と水酸基からの放射で、これらは
結合すると水になる。多くの電波望遠鏡がこの帯域の
電波を使用している。

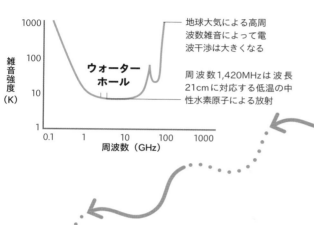

地球大気による高周
波数雑音によって電
波干渉は大きくなる

周波数1,420MHzは波長
21cmに対応する低温の中
性水素原子による放射

雑音強度（K）／周波数（GHz）

ウォーター
ホール

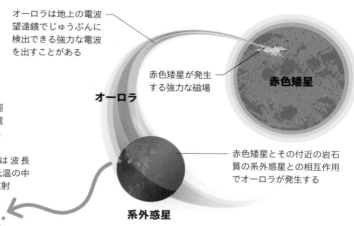

オーロラは地上の電波
望遠鏡でじゅうぶんに
検出できる強力な電波
を出すことがある

赤色矮星が発生
する強力な磁場

赤色矮星

オーロラ

赤色矮星とその付近の岩石
質の系外惑星との相互作用
でオーロラが発生する

系外惑星

異星人探査

異星人発見の方法の1つは、どこかの知的生命体が別の
星の知的生命体とコンタクトをとろうとして送出した信
号を探し出すことである。そのためには電波望遠鏡で受
信した電波から既知の電波源を除外して異星人からの信
号を探さなければならない。SETI@Homeはこの活動の
最前線にたつユニークなプログラムであった。このプロ
グラムで収集されたデータの解析は現在も続いている。

SETI@Homeのしくみ

この市民参加の科学実験は1999年から2020年ま
で実施され、コンピュータとインターネット接続が
あれば誰でも異星人探しに参加できた。参加者は無
料プログラムをインストールし、電波望遠鏡で収集
された107秒分を単位としたデータをダウンロード
して解析した。

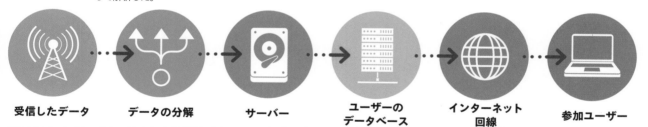

受信したデータ　**データの分解**　**サーバー**　**ユーザーの
データベース**　**インターネット
回線**　**参加ユーザー**

ドレイク方程式

この方程式は、地球以外に生命
が存在するかどうかだけではな
く、人類が宇宙全体に存在する
知的生命体を発見できる確率も
評価できる。電波天文学者のフ
ランク・ドレイクが1961年に提
案したこの式は数個の数値を掛
け算するだけで交信の可能な地
球外文明の数を算出できる。

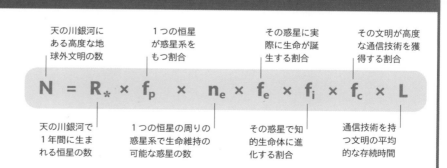

天の川銀河に
ある高度な地
球外文明の数

1つの恒星
が惑星系を
もつ割合

その惑星に実
際に生命が誕
生する割合

その文明が高度
な通信技術を獲
得する割合

$$N = R_* \times f_p \times n_e \times f_e \times f_i \times f_c \times L$$

天の川銀河で
1年間に生ま
れる恒星の数

1つの恒星の周りの
惑星系で生命維持の
可能な惑星の数

その惑星で知
的生命体に進
化する割合

通信技術を持
つ文明の平均
的な存続時間

第 2 章

太陽系

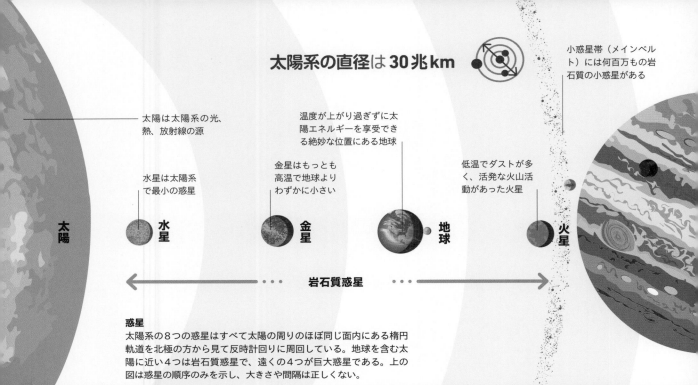

太陽系の直径は 30兆km

小惑星帯（メインベルト）には何百万もの岩石質の小惑星がある

太陽は太陽系の光、熱、放射線の源

温度が上がり過ぎずに太陽エネルギーを享受できる絶妙な位置にある地球

水星は太陽系で最小の惑星

金星はもっとも高温で地球よりわずかに小さい

低温でダストが多く、活発な火山活動があった火星

太陽　　水星　　金星　　地球　　火星

← ··· 岩石質惑星 ··· →

惑星
太陽系の8つの惑星はすべて太陽の周りのほぼ同じ面内にある楕円軌道を北極の方から見て反時計回りに周回している。地球を含む太陽に近い4つは岩石質惑星で、遠くの4つが巨大惑星である。上の図は惑星の順序のみを示し、大きさや間隔は正しくない。

太陽系の天体

太陽系は太陽を中心に周回しているが、太陽の近くの小さくて岩石質の地球型惑星と、ずっと遠いところのガスと氷の巨大惑星にはかなりはっきりした違いがある。

太陽系の天体

太陽系のすべての天体は太陽の大きな万有引力の支配下にある。中でも大きい天体はもちろん8つの惑星で、合計で200を超える衛星を従えている。岩石質の小惑星と氷の彗星が、惑星とこれまでに確認された5つの準惑星とともに空間を運行している。太陽系は地球と太陽の距離のおよそ10万倍のところにあるオールトの雲（84-85頁参照）の端まで広がっている。太陽系は天の川銀河と呼ばれる巨大な星の国の中の、数千億もの同じような星の集団の1つに過ぎない。

氷境界（スノーライン）

惑星系が形成されるときには、水、アンモニア、メタンが凍結する温度の付近に境界ができる。その境界線より遠くには凍結した物質で巨大な惑星ができる。恒星の近くの高温に耐えられるのは岩石と金属だけである。

若い恒星

惑星系を形成するガスの広がり

凍結した物質がかたまりになる

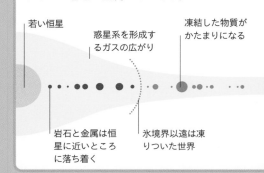

岩石と金属は恒星に近いところに落ち着く

氷境界以遠は凍りついた世界

巨大惑星

木星はおもに水素とヘリウムでできた最大の惑星

木星

天王星はもっとも低温で大きく傾いていて自転軸がほぼ公転面にある

海王星は太陽からもっとも遠い惑星で超音速の風が吹く

天王星

海王星

土星

巨大惑星にはすべて環があるが、土星の氷の環だけが望遠鏡で見える

太陽系には天体がいくつある？

正確な数はだれも知らないが、公認の名前があるのは50万個以上、名前がまだない天体は少なくとも30万個はある。

惑星の運動に関するケプラーの法則

ドイツ人の天文学者ヨハネス・ケプラーは惑星の運動の詳細な観測の結果を解析して3つの法則を発見した。この3法則によれば、惑星の軌道の形と周回速度は太陽からの距離によって決まっている。のちにアイザック・ニュートンは万有引力の法則と運動方程式からケプラーの法則が自然に説明されることを示した。

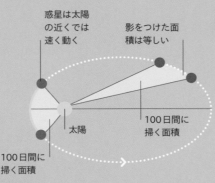

惑星は楕円軌道を周回する

2つの焦点から惑星への距離の和は常に一定

太陽が一方の焦点

楕円のもう一方の焦点

惑星は太陽の近くでは速く動く

影をつけた面積は等しい

100日間に掃く面積

太陽

100日間に掃く面積

地球の1年間に火星は軌道の半分ほどしか進まない

太陽

木星の軌道の長半径は地球のおよそ5.2倍あり周期は約11.9年である

地球の公転周期は1年

土星の軌道の長半径は地球のおよそ10倍に近く周期は約29年である

第一法則
惑星の軌道は楕円であって、楕円の2つの焦点の1つが太陽であるというのが第一法則である。離心率が大きいほど楕円は平たい。

第二法則
ケプラーは惑星が太陽に近づくと速度が上がり、遠ざかると遅くなることに気づき、惑星と太陽を結ぶ線分が一定の時間に掃く面積は惑星がどこにあっても同じ（面積速度が一定）であることを発見した。

第三法則
惑星は太陽から遠いほど公転周期が長い。ケプラーは惑星の公転周期の2乗はその楕円軌道の長半径の3乗に比例するという簡単な関係を発見した。

太陽系の誕生

太陽系が形成されたのはおよそ46億年前。天文学では、天の川銀河の若い星々を調べたり、コンピュータシミュレーションを利用したりして、どのようにして現在の太陽系ができあがったかがわかり始めている。

最初にできた惑星は？

巨大ガス惑星である木星が最初に形成され、その影響でほかの惑星が成長し、最後に岩石質の惑星ができて太陽系となったと考えられている。

原始太陽系星雲

巨大な分子雲の中でガスとダストが、おそらく付近の星の爆発に誘発されて、コアと呼ばれるかたまりとなり互いの重力で引き合って太陽が誕生して太陽系の形成が始まった（92-93頁参照）、という考え方がもっとも支持されている。コアが崩壊してさらに物質が引き込まれて中心の密度が大きくなり、自転速度がどんどん上がった。そして太陽系星雲と呼ばれるガスとダストの平らな原始惑星系円盤が、太陽を中心にして新しく成長した。何百万年もかけて重力は円盤の物質を引っ張り続け、小惑星や衛星、そして惑星ができて現在太陽を周回している。

惑星になったのは
星雲物質の
0.01%

円盤状になった物質

雲の中央部分は高温のガス

新しく生まれた原始星

明るく輝く若い太陽

円盤の粒子がかたまった微惑星

ガスとダスト粒子の回転円盤

1 コアの収縮
重力によって引き合う物質が、回転しながら星間雲の中で収縮して分子雲コアとなった。中央部分は高温高密度になり、周囲には円盤ができた。

2 エネルギーを発生する原始星
原始星を形成しながら核融合が始まり、そのエネルギーが重力を打ち消して原始星のそれ以上の崩壊が止まった。ダストの粒子は回転円盤状になった。

3 微惑星の形成
円盤の粒子はかたまって微惑星と呼ばれる小さな天体になった。原始星の近くの物質は蒸発し、鉄やニッケルなどの重い元素が残った。太陽風がガスを遠方へ吹き飛ばした。

火星と木星の間の
メインベルトに残
った惑星物質

海王星

木星

太陽に近い最高
温の領域にでき
た岩石質の惑星

太陽から遠く離れて氷
が存在しうるところに
できた巨大氷惑星

火星

金星

水星

土星

太陽

天王星

メインベルト
の外側の巨大
ガス惑星

地球

物質どうしの間
隔がはっきりし
て環状になった

微惑星は融けてさらに大き
な物質のかたまりになった

4 環の形成
km サイズの岩石と金属と氷の微
惑星が高速で飛び回り、互いに衝突をく
りかえした。衝突のエネルギーで岩石や
金属が融解し、融けた物質は次第に大
きなかたまりになった。

5 惑星の形成
大きいかたまりはさらに大きくなり、
重力によって球形になり惑星になっ
た。太陽系が安定になるにつれて残った
物質は小惑星や小さな天体になった。

惑星移動

太陽系が現在の配置に落ち着
くには何百万年もかかった。新
しくできた惑星は、惑星どうし、
あるいは惑星ができるときに余
ったデブリなどと相互作用をし
つつ移動した。この過程でデブ
リがさらに遠くへ広がって、メ
インベルトや海王星の向こうの
カイパーベルトからも流出した。

軌道の変化

惑星移動のニースモデルによれば、小さい天
体を散乱させることでエネルギーを得て、木
星は内側へ、土星、天王星、海王星は徐々に
外側へ移動したと考えられている。さらに天
王星と海王星の位置が入れ替わった。

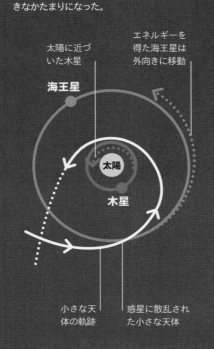

太陽に近づ
いた木星

エネルギーを
得た海王星は
外向きに移動

海王星

太陽

木星

小さな天
体の軌跡

惑星に散乱され
た小さな天体

原始惑星系
円盤

新しい惑星系は原始惑星系円盤と
呼ばれる平らでダストの多い円盤内
に形成され、新しくできた恒星の周
りに渦を巻く。惑星ができつつある
ところにダストのかたまりが見える。

惑星になる可能
性のあるダスト
のかたまり

高感度の望遠
鏡で見たダス
トとガス

原始惑星系円盤

太陽

太陽は私たちの太陽系の心臓部にあたる巨大な原子炉である。重力で太陽系をまとめ、そのエネルギーは熱と光になって惑星に満ちあふれている。

太陽の内部

太陽エネルギーは太陽のコア（中心核）の深いところから長い時間をかけて表面に届けられる。中心部の温度は重力によって1,600万℃にまで上昇し、圧力は地球の大気圧の1,000億倍にもなる。このような極端な条件で核融合が進行し、毎秒6億2,000万トンもの水素をヘリウムとエネルギーに変換している（90頁参照）。このエネルギーが放射層と対流層を通って表面に到達する。

太陽を構成する元素

それぞれの元素は決まった波長の光を吸収したり発光したりするので、分光法によってスペクトルを解析して太陽を構成する元素を特定できる（26-27頁参照）。太陽は超高温であるので、原子の一部は電離してプラズマ状態になっている。

ヘリウム 約25%

水素 約74%

酸素、炭素、窒素、ケイ素、マグネシウム、ネオン、鉄、および硫黄が残りの大部分

構成元素の質量比
太陽全体は67種類もの元素でできていて、その大部分は宇宙でもっとも軽い元素である水素とその次に軽いヘリウムである。

太陽のコアから表面までエネルギー放射が到達するには100万年もかかる

エネルギー放射は放射層をゆっくりと拡散し外へ向かう

放射層はきわめて密度が高いのでエネルギー放射は1mmも進まないうちに障害物に衝突して向きを変える

内部の構造
高温で高密度のコアから放射されるエネルギーが放射層、対流層を通って表面に到達するには100万年もかかる。地球から見えているのは光球であるが、さらにコロナと彩層の2層の大気におおわれている。

コア（中心核）

コアは太陽半径のおよそ4分の1で、密度は金の8倍もある

プロミネンス

彩層、あるいはコロナ
の高温物質が磁力線に
沿ってプロミネンス
となって出ていく

エネルギー放射は
対流層をわずか数
週間で通過する

高温のガスは膨張して
表面に向かい、冷えた
ガスは再び沈み込む

光は光球から抜け
出すと8分余りで
地球に到着する

放射層

対流層

光球 彩層 コロナ

彩層の温度は
およそ2万℃

太陽の大きさは?

太陽の直径はおよそ140万km
で、体積は地球の130万倍。しか
し密度は地球の約4分の1で質量
は地球の33万倍である。ほとん
どの恒星は太陽よりも小さい。

太陽の上層大気で
あるコロナは日食
の時に見える

太陽の外側の層

太陽の表面として見えている光球は太陽の大気の
最下層でもある。プロミネンスと呼ばれる炎のよ
うな噴出と、急激なエネルギーの解放であるフレ
アは光球から彩層とその外側のコロナに放出され
る。コロナは100万℃以上あり、その下の大気の
層よりもはるかに高温である。この温度の不均衡
は太陽の大きな謎の1つである。コロナへのエネ
ルギー放出にフレアだけでは十分でないので、天
文学者はその機構について検討を続けている。

日食

太陽が月に完全に隠れる皆既日食のときには、いつもは
見えにくい太陽のコロナがよく見える。月と太陽の見かけ
の大きさがほぼ同じであることで起こるこの神秘的な天
体ショーは、平均すると18ヶ月に1回起こっている。月
が太陽を部分的に隠す部分日食も含めればおよそ1年に
2回程度地球上のどこかで日食が観測される。

皆既日食の
見える地域

半影の部分

太陽

月

地球

本影の部分

部分日食の
見える地域

太陽の活動周期

天文学者たちは、太陽の活動の盛衰のパターンを太陽周期と呼んで長年にわたって観測を続けてきた。太陽活動の研究は、1990年代に太陽望遠鏡が初めて打ち上げられて以来、それまでに例のない精度で進展している。

黒点

太陽の周期的な活動のもっとも顕著なものが黒点。太陽表面の深い傷のように見えるが実は3,500℃ぐらいの低温の領域である。太陽の回転につれて磁力線は内部に深く引っ張られ、磁力線のループは光球から外へ突き出て戻るときにカップのようなくぼみを作る。黒点は絶えず場所を変え、2週間程度しか持続しない。

太陽のコンベアベルト

プラズマの巨大なコンベアベルトが太陽の対流層内をかき回している。それによって磁場が表面に引っ張られ、赤道付近から極へ向けて時速約50kmでエネルギーが輸送されている。そのため太陽の活動期には赤道付近に黒点が現れる。

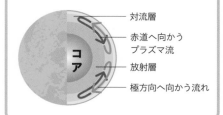

- 対流層
- 赤道へ向かうプラズマ流
- 放射層
- 極方向へ向かう流れ

コア

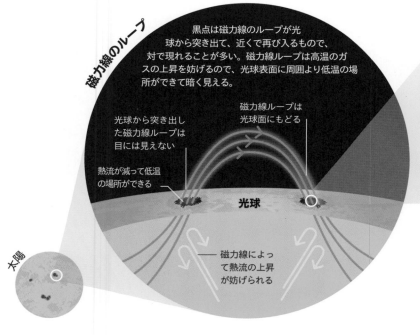

磁力線のループ

黒点は磁力線のループが光球から突き出て、近くで再び入るもので、対で現れることが多い。磁力線ループは高温のガスの上昇を妨げるので、光球表面に周囲より低温の場所ができて暗く見える。

光球から突き出した磁力線ループは目には見えない

磁力線ループは光球面にもどる

熱流が減って低温の場所ができる

光球

磁力線によって熱流の上昇が妨げられる

太陽

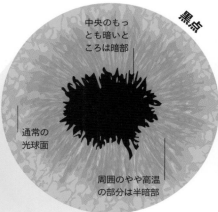

黒点

中央のもっとも暗いところは暗部

通常の光球面

周囲のやや高温の部分は半暗部

太陽周期を発見したのは誰？

ドイツ人のアマチュア天文家のハインリッヒ・シュワーベが17年以上も毎日観測を続けて1843年に発見したので、シュワーベサイクルとも呼ばれている。

これまでに観測された**最大の黒点の直径は地球の直径の**

30倍

太陽活動の極大期と極小期

太陽の活動は黒点だけではない。コロナではコロナ質量放出と呼ばれる大規模な爆発が起き、蓄積した磁気エネルギーは太陽フレアとして放出される。この活動は極大期には頻繁に起こり、極小期には減少して、地球にも重大な影響を及ぼす。太陽活動が活発になれば、地球の極地方では美しいオーロラが発生する（31頁参照）が、ときには発電所の変圧器のトラブルや人工衛星の不具合、電波障害などが起こる。

蝶形図（バタフライダイアグラム）
蝶形図と呼ばれるこの有名なダイアグラムには、太陽周期の進行と黒点の場所の移動の関係が描かれている。太陽活動の極大期が近づくと黒点は徐々に赤道付近に多くなる。何周期も続けてグラフにすると、周期ごとの活動の変化が見えてくる。

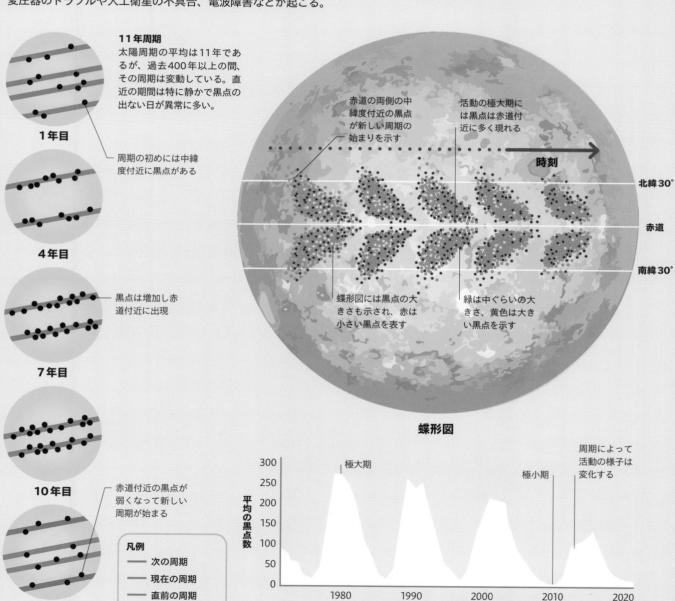

11年周期
太陽周期の平均は11年であるが、過去400年以上の間、その周期は変動している。直近の期間は特に静かで黒点の出ない日が異常に多い。

1年目

周期の初めには中緯度付近に黒点がある

4年目

黒点は増加し赤道付近に出現

7年目

10年目

赤道付近の黒点が弱くなって新しい周期が始まる

12年目

凡例
— 次の周期
— 現在の周期
— 直前の周期

赤道の両側の中緯度付近の黒点が新しい周期の始まりを示す

活動の極大期には黒点は赤道付近に多く現れる

時刻

北緯30°
赤道
南緯30°

蝶形図には黒点の大きさも示され、赤は小さい黒点を表す

緑は中ぐらいの大きさ、黄色は大きい黒点を示す

蝶形図

極大期

極小期

周期によって活動の様子は変化する

平均の黒点数

300
250
200
150
100
50
0

1980　1990　2000　2010　2020

年

地球

表面の71％を広大な海におおわれ青い惑星と呼ばれる地球は宇宙における生命の安住の地。私たちが現在知っている宇宙の中には、生命を受け入れているものは地球の他にない。

生命に適するところ

地上で生命を維持するためには宇宙の破壊的な脅威から守られる必要がある。そのような脅威の筆頭は太陽からの放射線で、生体の細胞にダメージを与える。しかし、地球のコア（中心核）には融けて回転している鉄とニッケルがあって、それによって地球の周りには磁場が生じている。その磁場のおかげで太陽風や遠くの銀河で爆発した星からの高エネルギーの宇宙線の直撃を避けることができている。

地球の内部

地球のコアは、その形成以来ずっと放熱を続け、さらにウランなどの放射性元素の崩壊による発熱が続いている。地球の内核の温度はおよそ6,000℃で、太陽の表面と同じぐらいである。外核の融けた物質が動いて磁場を発生させている。下部マントルからの高温の物質が、ほとんど固体である上部マントルの中を上昇し地殻を突き破って出てくることで、火山の噴火や火山性の地震などの活動が地表に現れる。

地球における地殻の厚さ
**はりんごなら
その皮の厚さ
ぐらいである**

地球の熱源
地表に上がってくる熱の大部分は、太陽の対流層の働き（40-41頁）と同じように対流によって輸送されている。

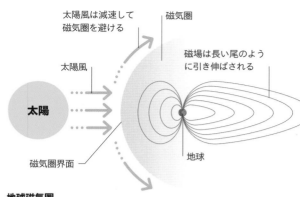

太陽風は減速して磁気圏を避ける

磁気圏

磁場は長い尾のように引き伸ばされる

太陽風

太陽

磁気圏界面

地球

地球磁気圏
地球を取り巻く磁場の広がっている範囲を磁気圏という。太陽風の中の荷電粒子は磁気圏界面と呼ばれる磁気圏の表面で減速され、磁場は押しもどされて流され地球の直径の500倍程度にもなる磁気圏尾となる。

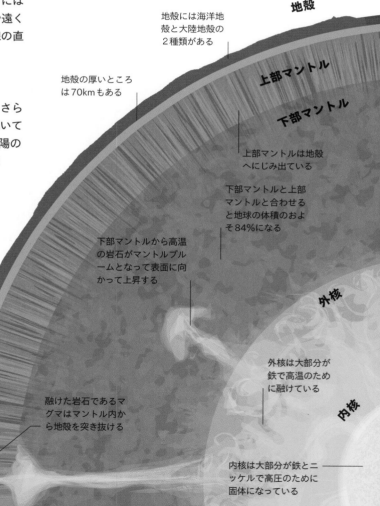

地殻

地殻には海洋地殻と大陸地殻の2種類がある

上部マントル

下部マントル

地殻の厚いところは70kmもある

上部マントルは地殻へにじみ出ている

下部マントルと上部マントルと合わせると地球の体積のおよそ84%になる

下部マントルから高温の岩石がマントルプルームとなって表面に向かって上昇する

外核

外核は大部分が鉄で高温のために融けている

内核

融けた岩石であるマグマはマントル内から地殻を突き抜ける

内核は大部分が鉄とニッケルで高圧のために固体になっている

地表と大気

地殻はとても薄く、絶えず変動している。地殻は上部マントルに融け込み、砕けてプレートとなり、マントルの深部へ沈み込んでいく。プレートの収束や発散として山岳や地溝ができる。地表のさらに上には大気が600km以上も上空まで広がって地球を保護している。その大部分は窒素（78%）と酸素（21%）である。

引き離されるプレート
融けた岩石が上昇

プレートは衝突したり引き合ったりはしない

プレートはゆっくり衝突する
地表面の形が変わる

広がる境界
2つのプレートが離れていき、その隙間を埋めるためにマントルから融けた岩石が上がってくる。岩石は冷えて新しい地殻になる。発散する境界ともいう。

ずれる境界
プレートがたがいに逆向きにずれて、断層ができる。断層の多くは海洋底にある。

狭まる境界
プレートが衝突して地震や火山活動、地殻変動を引き起こす。収束する境界ともいう。ヒマラヤ山脈はこうしてできた。

大陸地殻は海洋地殻より厚い

大気中の気体は熱を逃さず、生命の維持に欠かせない

大気

地球上の水はどこから？

天文学者たちは、原始の地球に衝突した彗星や小惑星が水をもたらしたと考えている。その衝突の際に水分子を含む物質が地球内部に残され、やがて水が上昇して表面をおおった。

軽い岩石が上昇して大陸となった
液体の水は冷えつつある地表をおおった

海洋の形成

地球上の生命が始まったのはいつ？

地球上の生命はおよそ40億年前、地球ができて6億年ほど経ったときに始まったと考えられている。それ以前の地球はとても高温で液体の水はなかった。

プレートの動きにつれて大陸も海洋も変動を続けている

大気による保護
大気中のオゾンは酸素分子の一種で、地上の生命体を紫外線から保護している。小惑星や彗星のかけらが地表に衝突する前に迎え撃つのも大気である（28-29頁参照）。

月

地球の自然の衛星である月は地球にもっとも近い天体、
夜空でいちばん見慣れたものである。双眼鏡や望遠鏡
を使えばさらにすばらしい光景が広がる。

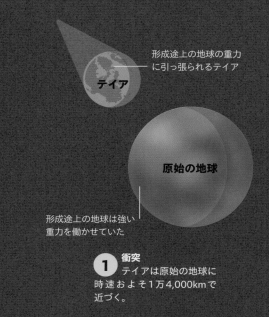

形成途上の地球の重力
に引っ張られるテイア

テイア

原始の地球

形成途上の地球は強い
重力を働かせていた

1 衝突
テイアは原始の地球に
時速およそ1万4,000kmで
近づく。

月はどのようにしてできたか？

月の形成の説明では「巨大衝突説」が最有力である。この仮説
によれば、地球ができて1億年のうちにテイアと呼ばれる火星
ぐらいの大きさの惑星が地球に衝突した。衝突後両方の惑星の
鉄やニッケルのような重い元素のほとんどが地球に残ってコア
となり、同時により軽い岩石などは軌道上に飛び散った。軌道
上に残ったこの岩石などが重力によって徐々に集まって月が誕
生した。

月の表面

明るい高地の領域と、海と呼ばれる暗い部分が
月の表面の特徴である。海の部分は、月の初期
の火山活動による滑らかな溶岩平原で、現在は
小惑星や彗星による衝突クレーターが散在して
いる。高地の領域は融けた物質の海が冷えてお
よそ45億年前に固まってできた。このような
表面のようすは月が斜めに照らされるときに影
が落ちて浮き彫りのようにくっきりと美しくよ
く見える。

雨の海は玄武岩
の細かい粒子で
できた衝突盆地

アペニン山脈は
600kmも続く
険しい高地

雨の海

アペニン山脈

嵐の大洋

コペルニクス
クレーター

嵐の大洋の幅は
2,900kmを超える

南部の
山岳地帯

コペルニクスク
レーターは双眼
鏡でも観測可能

ティコクレーターは
1億1,000万年前に
できたとされる比較
的新しくて見つけや
すい衝突クレーター

ティコクレーター

これまでに
月面を歩いた
宇宙飛行士は何人？

今のところ、すべてアメリカ航空
宇宙局（NASA）のミッションで
1969年から1972年の間に合計
12人の宇宙飛行士が月面に
足跡を残した。

2 衝突の瞬間

テイアは地球に斜め45°の角度で衝突し、岩石や金属が融けて両方の物質は混ざってしまった。

地球に衝突するテイア

衝撃で高温の蒸気となって飛び散る岩石

3 環の形成

軽い物質は宇宙に飛び出すが多くは地球の重力から逃れられず環状になって地球を回った。

地球を周回する環に集まった破片

4 軌道上の月

重力によって物質が集まって原始状態の融けた月ができ、徐々に冷えて現在のような衛星になった。

破片が周回していた軌道を月が回る

月

破片が集まってできた月

月は1年間に3.8cmずつ地球から遠ざかっている

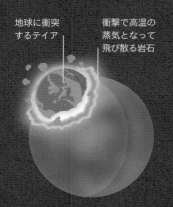

1969年、ニール・アームストロングが最初の一歩を記した静かの海

静かの海

古くは表面であったことを示す侵食クレーターでおおわれた南部の山岳地帯

月の形成のときに原始の地球の熱の影響を受けることが少なかったので裏側には火山性の平原は少ない

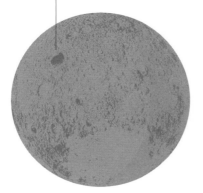

月の裏側

月の半分は永久に暗闇だと思っている人がいるが、そうではない。月の裏側というよりも地球から遠い側という方が適当であるが、地球からは見えなくてもとにかく光は当たっている。

月食

月が地球の影に入ったときに月食が起こる。月食は月が出れば地球上のどこでも見え、少なくとも年に2回は起こる。皆既月食のときには地球大気によって屈折や散乱された太陽光が地球の本影の中に入り込んで月を神秘的な赤い色に照らす。部分月食は月が地球の半影を通過するときにも起こる。

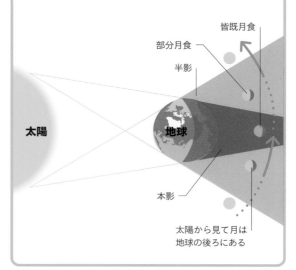

皆既月食

部分月食

半影

太陽

地球

本影

太陽から見て月は地球の後ろにある

地球と月

地球の夜空で最大の天体は月。その引力は地球の自転にブレーキをかけ、海の水を動かして潮汐にも影響を与える。地球上の生命は月の光や潮の干満、月の満ち欠けにも合わせて進化してきた。そして月は人類が地球外に足跡を残した唯一の天体でもある。

月の満ち欠け

月の見かけの変化は夜空でももっとも目立つものの1つで、その形は古くから文字や絵に残されてきた。夜空に輝く月はとても明るいけれども月自身は光を発していない。太陽光を反射しているだけである。常に半分が昼で、残る半分が夜という地球と同じように、月もいつも半分だけ照らされているが、月が軌道のどこにいるかによって地球からの見え方は変化する。月の満ち欠けの周期は29.5日で、月が地球の周りを公転する周期の27.3日よりも少しだけ長い。それは地球がその間に移動するからで、太陽、地球と再び一直線になるまでにはさらに2日と少しの時間を要する。

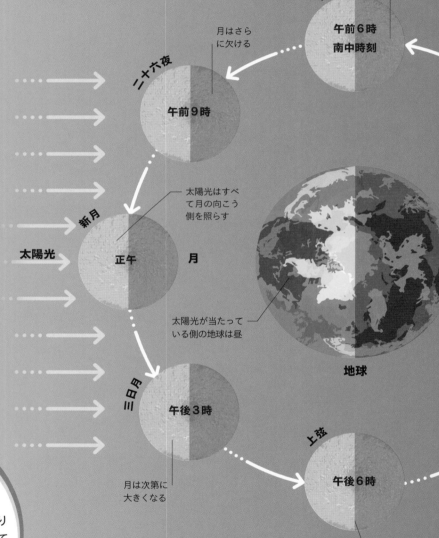

太陽

新月に向かう月が昼間に見える

下弦

午前6時
南中時刻

月はさらに欠ける

二十六夜

午前9時

太陽光はすべて月の向こう側を照らす

新月

太陽光

正午

月

太陽光が当たっている側の地球は昼

地球

三日月

午後3時

月は次第に大きくなる

上弦

午後6時

太陽光の当たる部分と当たらない部分を分ける明暗境界線

月は自転している？

北極方向から見ると月は自転軸の周りを反時計回りに、地球の周りを公転するのと同じ時間で自転している。つまり潮汐力によって同期していて、地球からはいつも月の同じ面しか見えない。

月と太陽

月が地球をはさんで太陽の反対側にいるときには、私たちには月のこちら側が全部見えて満月である。月が地球と太陽の間にあると、地球から見えない側だけが太陽に照らされて新月となる。月が夜空のもっとも高いところに見える時刻（南中時刻）は月の形とともに変化する。日本では月の見える形にあわせて三日月、あるいは上弦や下弦などと呼んでいる。

見かけの月

満月が近づくと月の明るい部分は大きくなり、満月を過ぎると小さくなる。地球が反射する光によって太陽が当たっていない部分の月がかすかに見えることもある。ここに示す月の形は北半球での見え方で、南半球では左右が逆、赤道付近では満月は下の方から欠け始める。

新月

三日月

上弦の月

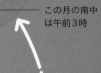

十八夜

十三夜の月

満月

深夜0時

この月の南中は午前3時

十六夜の月

満月は日没時に出て日の出時に沈む

二十日月

十三夜

下弦の月

この月の南中は午後9時

二十六夜の月

満潮と干潮

地球上のほとんどの地域で、1日に2回ずつの満潮と干潮がある。地球の自転中に月がある地点の真上の方向、または逆に真裏の方向にある時刻には、潮汐力によって地球表面の海水が引き上げられ、満潮となる。満潮時刻が過ぎると、地球の回転につれて海水のふくらみは引き戻されて干潮に向かう。

潮汐力

月に面している海では月の引力に引かれて海面が上昇する。地球は月との共通の重心を小さく回っていて、常に月とは反対の向きに慣性力が働く。月に対して地球の反対側では月の引力はやや弱く、この慣性力が引力に打ち勝って海面が上昇する。このように海面を上下させる力を潮汐力という。

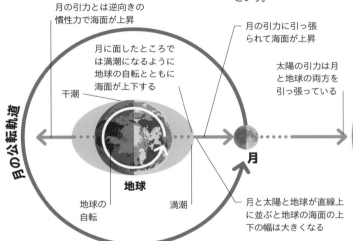

月の引力とは逆向きの慣性力で海面が上昇

月に面したところでは満潮になるように地球の自転とともに海面が上下する

干潮

月の公転軌道

地球の自転

地球

満潮

月の引力に引っ張られて海面が上昇

太陽の引力は月と地球の両方を引っ張っている

月と太陽と地球が直線上に並ぶと地球の海面の上下の幅は大きくなる

月

太陽

月による引力の作用で地球の自転は遅くなり、**1億年後**には**1日の時間が30分長くなる**

月旅行

1969年から1972年の間に6機の有人宇宙船が月への3日間の飛行をした。月から約7万kmの地点で宇宙船は重力均衡点に達し、そこからは月の引力によって宇宙船は月の軌道へと向かった。

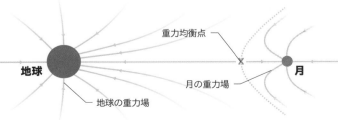

地球

重力均衡点

月の重力場

月

地球の重力場

水星

太陽に一番近い惑星である水星の公転周期は88日で、惑星の中ではもっとも離心率の大きい楕円軌道を周回している。水星はまた、太陽系の惑星ではもっとも小さくて半径はおよそ2,400km、地球の3分の1より少し大きい。

太陽風に削られてできたクレーター内部の空洞

高い山に囲まれている盆地

初期の盆地に溶岩があふれてできた滑らかな火山性の平原

現在の水星の表面は乾燥した岩石質

水星の表面の40%は火山性の平原

クレーターの周囲には強烈な衝突の跡

衝突クレーターであるムンククレーターは、39億年前、カロリス盆地よりずっと後にできた

カロリス盆地

水星の表面

水星の表面はクレーターだらけで、多くは40億年以上前の流星物質の衝突の跡である。あまりに小さくて表面を守る大気がないので、月と同じように衝突の痕跡がほぼそのまま残っている。水星全体が時間をかけて収縮したので滑らかな平原に圧縮によるしわのような崖が見られるところもある。

クレーターにはもとの盆地の底の物質が残っている

カロリス盆地

太陽系でもっとも大きい衝突盆地の1つが水星にある。直径が1,500kmを超え、周囲は2,000m級の山に囲まれていることを確認したのは2011年に水星の軌道に到達した探査機メッセンジャーであった。

水星のクレーターにはディズニー、ベートーベン、ヴァン・ゴッホなど芸術家の名前がついている

水星の大気と温度

水星は太陽から受け取った大量の熱を保持しておくことはできない。日中の温度は400℃以上にもなるが、そのエネルギーを蓄えられる分厚い大気がないので、夜には-180℃まで下がってしまう。水星の昼夜の温度差は太陽系で最大である。

温度分布
アメリカのニューメキシコ州にある超大型電波干渉計群（VLA）の観測による水星表面の温度分布を見ると太陽に面したところが最高になっている。

温度

400℃　　　　　　　　　　　　　　-180℃

メッセンジャー探査機

水星

表面のデータを伝えるレーザーの反射光

メッセンジャーが発射した赤外レーザー光

メッセンジャーの機器を駆動するソーラーパネル

水星には自然の衛星がないので、水星軌道を周回したのは今のところNASAのメッセンジャー探査機だけのはずである。2011年に軌道に入ったメッセンジャーは水星表面の99%の地図を作り、赤外レーザー光を使って地形のデータを収集して、2015年に任務を終えて水星表面にゆっくりと落下した。

水星の内部

水星の内部のおよそ70%は金属、30%は岩石で地球の次に密度の高い惑星である。鉄のコアが水星の体積の半分近くを占め、その一部は融けているかもしれない。その周囲を厚さ約600kmのマントルが囲んでいる。水星の岩石質の地殻の厚さはおよそ30kmで地球に似ている。

宇宙探査機によるデータ
水星の内部構造についてのデータはマリナー10号とメッセンジャー探査機による観測によって集められた。メッセンジャーは水星の極付近に水の氷が存在する証拠も見つけた。

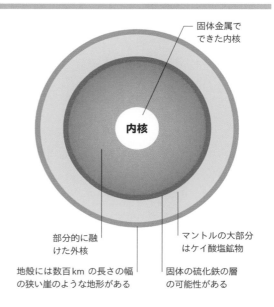

固体金属でできた内核

内核

部分的に融けた外核

地殻には数百kmの長さの幅の狭い崖のような地形がある

マントルの大部分はケイ酸塩鉱物

固体の硫化鉄の層の可能性がある

金星

太陽から2番目の惑星である金星は、地球より
ほんのわずか小さく、山岳地形や火山などいく
つかの共通点もあって地球と双子の惑星と言わ
れることもある。しかし、金星だけに特有の構
造もある。

金星の表面

マアト山と呼ばれる高さ8kmもの火山がそびえ立つ金星に
はほかの惑星には見られないほど火山が多く、表面には大
昔の溶岩流と活発な火山活動の証拠が残っている。パンケ
ーキによく似た特徴的な火山ドームや巨大な隕石による深
い衝突クレーターがあちらこちらに見られる。円形、ある
いは長円形に盛り上がった直径数百kmにもおよぶコロナ
と呼ばれる地形も多い。これは高温のマグマが地殻を押し
上げてできたようである。

金星がこんなに明るいのはなぜ？

地球から金星がとても明るく見えるの
は金星の大気中に厚い硫酸の雲があ
るから。太陽光がこの雲に反射さ
れて金星は輝く。

金星での日の出から次の
日の出までの1日の長さ
は地球の**117日分**

溶岩によって
できた流れ

マアト山

古代の溶岩流の岩石
が表面を削っている

マアト山のふもとから
何百kmも続く溶岩流

コロナは直径
1,100km、高さ
2kmにもなる

最近の火山活動

金星の表面は5億年よりは新しいとみ
られている。つまり金星では比較的最
近に活発な火山活動があったにちがい
ない。金星には高圧の厚い大気があり、
それが火山噴火の規模を抑制し、風や
雨がないので火山活動の跡がいつまで
も新しく見えるのかもしれない。

古代の溶岩流

大きな衝突クレーターの
数も多く、直径の最大は
275kmにもなる

コロナにはドームのように
なったものや内側が盆地の
ように窪んだものがある

コロナ

衝突クレーター

金星の太陽面通過

太陽の前を通過する金星が地球から見える太陽面通過という現象は、8年の間隔で2回起こり、その次は100年以上も先になる珍しいイベントで、直近は2004年と2012年、次は2117年と2125年である。かつて天文学者たちは金星の通過に要する時間から地球と太陽の間の距離を算出した。通過中には地球への太陽光はわずかに暗くなる。現在、太陽系外惑星を探索するトランジット法（103頁参照）では惑星による減光現象を観測している。

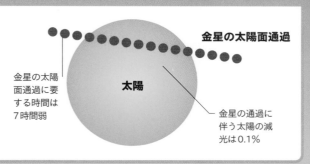

金星の太陽面通過

金星の太陽面通過に要する時間は7時間弱

金星の通過に伴う太陽の減光は0.1%

太陽

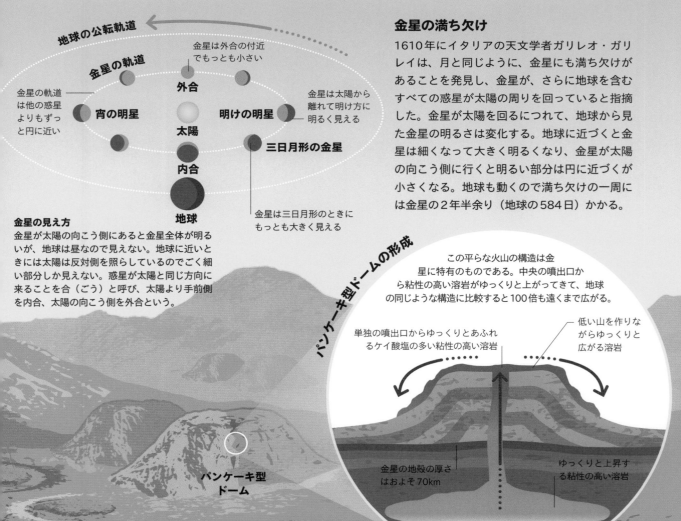

地球の公転軌道

金星の軌道

金星は外合の付近でもっとも小さい

外合

宵の明星

金星の軌道は他の惑星よりもずっと円に近い

金星は太陽から離れて明け方に明るく見える

明けの明星

太陽

三日月形の金星

内合

地球

金星は三日月形のときにもっとも大きく見える

金星の見え方

金星が太陽の向こう側にあると金星全体が明るいが、地球は昼なので見えない。地球に近いときには太陽は反対側を照らしているのでごく細い部分しか見えない。惑星が太陽と同じ方向に来ることを合（ごう）と呼び、太陽より手前側を内合、太陽の向こう側を外合という。

金星の満ち欠け

1610年にイタリアの天文学者ガリレオ・ガリレイは、月と同じように、金星にも満ち欠けがあることを発見し、金星が、さらに地球を含むすべての惑星が太陽の周りを回っていると指摘した。金星が太陽を回るにつれて、地球から見た金星の明るさは変化する。地球に近づくと金星は細くなって大きく明るくなり、金星が太陽の向こう側に行くと明るい部分は円に近づくが小さくなる。地球も動くので満ち欠けの一周には金星の2年半余り（地球の584日）かかる。

パンケーキ型ドームの形成

この平らな火山の構造は金星に特有のものである。中央の噴出口から粘性の高い溶岩がゆっくりと上がってきて、地球の同じような構造に比較すると100倍も遠くまで広がる。

単独の噴出口からゆっくりとあふれるケイ酸塩の多い粘性の高い溶岩

低い山を作りながらゆっくりと広がる溶岩

金星の地殻の厚さはおよそ70km

ゆっくりと上昇する粘性の高い溶岩

パンケーキ型ドーム

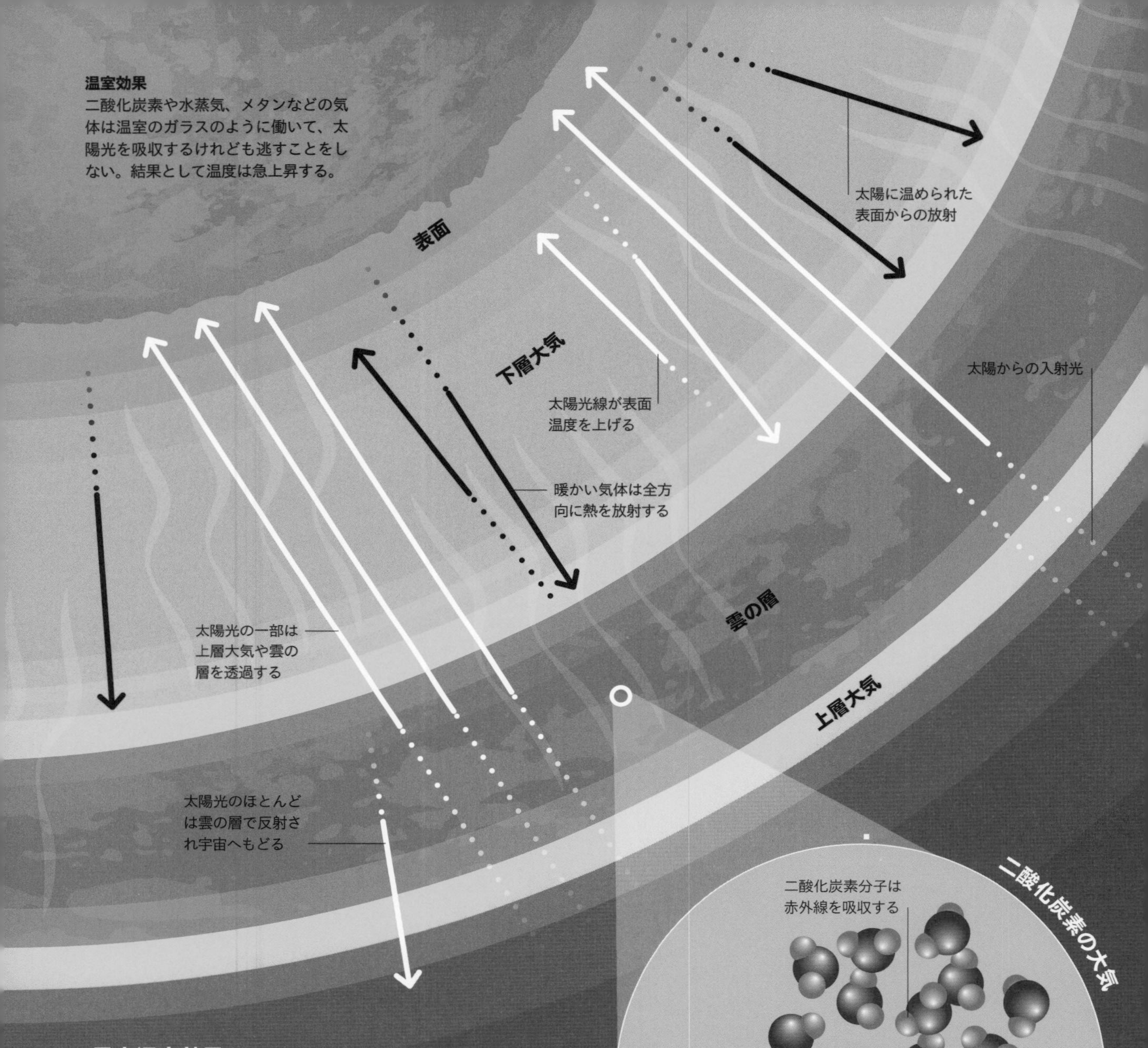

温室効果
二酸化炭素や水蒸気、メタンなどの気体は温室のガラスのように働いて、太陽光を吸収するけれども逃すことをしない。結果として温度は急上昇する。

太陽に温められた表面からの放射

表面

下層大気

太陽からの入射光

太陽光線が表面温度を上げる

暖かい気体は全方向に熱を放射する

雲の層

上層大気

太陽光の一部は上層大気や雲の層を透過する

太陽光のほとんどは雲の層で反射され宇宙へもどる

二酸化炭素の大気

二酸化炭素分子は赤外線を吸収する

二酸化炭素分子は金星の硫酸の雲の中に存在している

二酸化炭素は炭素原子1個と酸素原子2個でできた分子で、金星大気中の3万ppmという濃度は地球大気の約75倍である。

暴走温室効果
地球上の最近の気候の変化からわかるように、二酸化炭素は温暖化の要因になりうる。水蒸気も強力な温室効果ガスである。金星の大気は火山活動で放出される二酸化炭素と水蒸気なので、温暖化の一途をたどった。水が分解したり散逸したりして、さらに二酸化炭素が増えて温暖化が進んだ。これはいったん始まると止めることはできなくて暴走温室効果になったと考えられている。

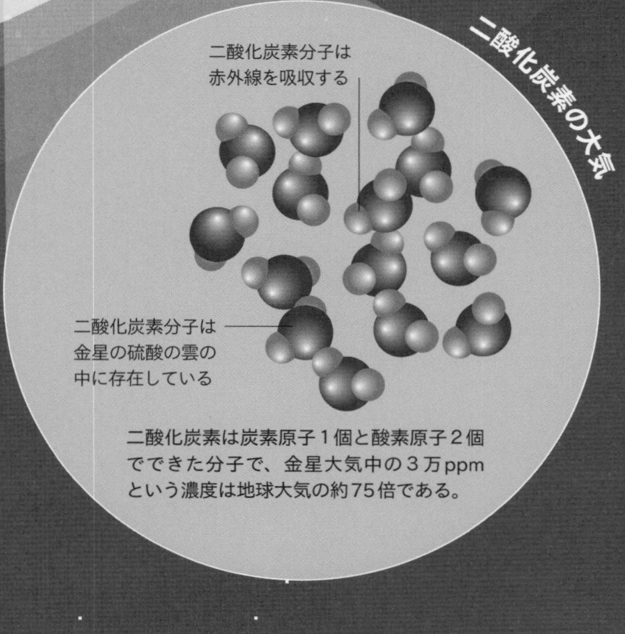

炎熱の惑星

私たちの隣人である金星は太陽系の中ではもっとも
高温で、極端な気候を伴う炎熱の温室のような世界
である。

スーパーローテーション

金星には奇妙なことも多い。公転周期は
225地球日であるが、自転には243地球日
もかかり、しかもその方向は他の惑星とは
逆である。したがって金星の1日は117地
球日も続く。そのようなゆっくりとした自
転にもかかわらず赤道付近の上空では4日
で金星を一周するような高速の風が吹いて
いる。このスーパーローテーションと呼ば
れる風は大気圧を変動させるような太陽熱
が原因と考えられているが全容は解明され
ていない。

金星表面での大気圧は
92気圧、水深900mを
超える海底での水圧に匹
敵するほど

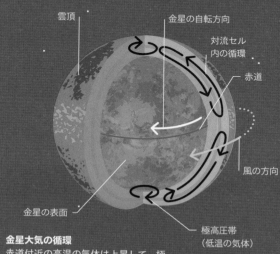

雲頂
金星の自転方向
対流セル
内の循環
赤道
風の方向
金星の表面
極高圧帯
（低温の気体）

金星大気の循環
赤道付近の高温の気体は上昇して、極
方向へ流れ、冷えて沈むと再び加温さ
れる。金星を循環するこのような気体
の帯を対流セルと呼んでいる。

金星に生命体はいる？

いるかもしれないけれども今のと
ころ証拠はない。上層大気の低温
の領域での生命の存在の可能性を
議論している科学者もいる。

金星には水があったか？

金星はこれまでずっと過酷な環境であったのではない
かもしれない。何十億年も前、温室効果が始まる前に
は金星はもっと地球に似ていたかもしれない。赤外線で
見ると、低地の部分には浅い海があった可能性もある。

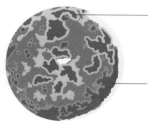

高温の領域は低
地で海洋だった
可能性がある

高地の領域はやや低
温で古代には大陸だ
ったのかもしれない

南半球

構造と組成

火星の表面は、海洋を除けば地球の表面と類似した点が多い。そびえ立つ山岳地帯、氷冠、大きな火山、そして長くて深い峡谷がすべて火星には存在している。また表面からずっと深いところには半径およそ2,100kmのコアがあり、その大部分は鉄とニッケルでごくわずかの硫黄も含まれている。火星にはかつて磁場があった証拠となる磁化された部分が表面に残っているが、融けたコアがないので磁場は消滅している。

火星の表面
火星の表面は極めて変化に富んでいる。赤道の北側は火山のない低地がほとんどで、南半球には高地や活動をやめた火山が集中している。

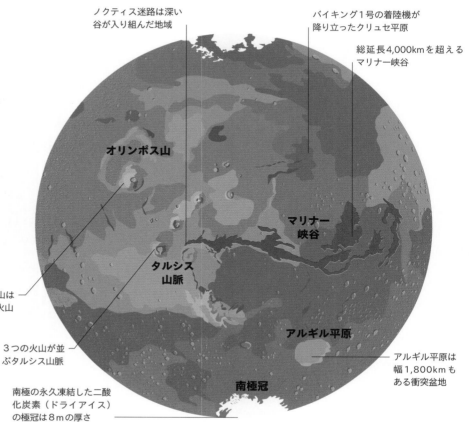

ノクティス迷路は深い谷が入り組んだ地域

バイキング1号の着陸機が降り立ったクリュセ平原

総延長4,000kmを超えるマリナー峡谷

オリンポス山

マリナー峡谷

タルシス山脈

アルギル平原

南極冠

オリンポス山は火星最大の火山

3つの火山が並ぶタルシス山脈

南極の永久凍結した二酸化炭素（ドライアイス）の極冠は8mの厚さ

アルギル平原は幅1,800kmもある衝突盆地

火星

太陽から4番目の惑星、火星ほど人々の想像力を刺激し続けてきた星はない。赤い惑星に魅了された科学者たちは、その砂漠のような表面を調査するために最新のローバー（自走式探査車）を次々と送りこんでいる。

火星の内部構造
コアの周りには岩石質の分厚いマントル、地殻、そして二酸化炭素、窒素、アルゴンの希薄な大気があり、直径は地球の半分よりやや大きい。現在も地震活動が活発で、毎年何百回も「火星震」が起きる。

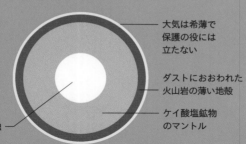

大気は希薄で保護の役には立たない

ダストにおおわれた火山岩の薄い地殻

ケイ酸塩鉱物のマントル

高密度のコアの一部は融けているかもしれない

火星の衛星

火星には2つの衛星があるが、他の惑星の衛星に比べるとかなり小さい。2つの衛星は衝突によって火星周回軌道に飛び出した物質か、かつては隣のメインベルトに属していた小惑星だったのかもしれない。

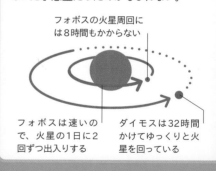

フォボスの火星周回には8時間もかからない

フォボスは速いので、火星の1日に2回ずつ出入りする

ダイモスは32時間かけてゆっくりと火星を回っている

低い楯状火山の大シルティス台地はとても目立ち、最初に観測されて記録された

北極の氷冠は夏でも直径約1,000km

北極冠

火星の**赤い色**は**酸化鉄、鉄のさび**である

大シルティス台地

ヘラス盆地

ヘラス盆地は7km以上の深さのある大きな丸い衝突クレーター

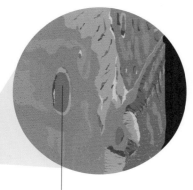

グセフクレーターにはかつて付近の水路から流れ込んだ水か氷があった

スピリットローバーの着陸
NASAのスピリットローバーは2004年にグセフクレーターという古い湖底に着陸し、クレーターの柔らかい砂地にはまり込むまでの1,944日間にわたって付近の探索を続けた。

生命の痕跡を求めて

太陽系の惑星の中で過去に生命があった可能性がもっとも高いのは火星である。この赤い惑星はかつて今よりずっと湿度が高く、表面には海や湖が広がり、大地には古代の川がくねくねと流れていたと考えられている。地球上のすべての生物には液体の水が必要であるから、火星に水があればその気候がもっと快適であった頃には生命の存在の足掛かりになったかもしれない。研究者たちは生物活動の痕跡を探し、また将来の火星に生命の存在が可能かどうかを探っている。

火星周回軌道上で活動を続けた最長の記録を保持するマーズオデッセイ号

生命探査のためにメタンを調査するエクソマーズ号

1971年　マルス2号
1971年　マルス3号
1971年　マリナー9号
1975年　バイキング1号
1975年　バイキング2号
1996年　マーズ・グローバルサーベイヤー
2001年　マーズ・オデッセイ
2003年　マーズ・エクスプレス
2005年　マーズ・リコネッサンスオービター
2013年　マーズ・オービターミッション
2013年　メイヴン（火星大気探査機）
2016年　エクソマーズ・トレースオービター

周回機の活躍
他の惑星に比べて多くの探査機がこれまでに火星を周回し、現在周回中のものもある。その目的は地形を詳しく調べることと、ローバーや他の表面での探査装置との通信である。

火星の氷冠と火山

火星表面にもっとも目立つのは氷冠と火山である。どちらも火星の過去についての多くの秘密をとどめていて、科学者たちは懸命に調査を続けている。

火山

火星のタルシス台地を含む地域は火山そのものといえる。赤道をまたいでマリナー峡谷の西に広がるタルシス台地は、火星の深部からの莫大な量の物質の噴出による火山平原である。その噴出量がきわめて大量であったので火星の自転軸の傾きに影響を与えたのかもしれない。台地上、あるいは周辺にオリンポス山を含む4つの巨大な火山がそびえる。そのどれもが地球上のエヴェレストより高い。

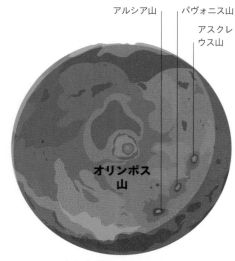

アルシア山　パヴォニス山　アスクレウス山

オリンポス山

上から見たタルシス台地

オリンポス山

火星で最も高いオリンポス山は太陽系で最高の火山峰でもある。裾野は30万km^{2}も広がりイタリアとほぼ同じくらいで、その平均の傾斜は5°と比較的なだらかである。

オリンポス山のすそ野は約500km、東京－大阪間を超えるほどに広がっている

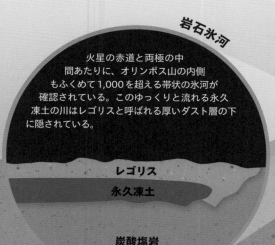

岩石氷河

火星の赤道と両極の中間あたりに、オリンポス山の内側もふくめて1,000を超える帯状の氷河が確認されている。このゆっくりと流れる永久凍土の川はレゴリスと呼ばれる厚いダスト層の下に隠されている。

レゴリス

永久凍土

炭酸塩岩

火星の火山の形成

火星の重力は地球の約4割しかないので火山は高くなる。プレートの動く地球とは違って火星の表面は移動しないから火山の噴火は同じところに集中する。

地球のプレートは動く

火山が列になってできる

地下のマグマだまり

地球の火山

火星の地殻は動かないので同じところで噴火を続ける

溶岩は冷えて固まり火山は大きくなる

重力が小さいのでマグマは容易に上昇する

火星の火山

水と氷

火星は広大な極氷冠に両側をはさまれている。極氷冠は季節とともに広がったり縮んだりするけれども厚さは 3 km もある。極氷冠がすべて融けたら、水は火星全体が 5 m もの深さの洪水になる。氷冠には凍った水と凍った二酸化炭素が含まれていて後者は温度が上がれば気体になる。そして高温の季節に荒々しく吹く風は火星中のダストを舞い上げる。氷は極から遠く離れた地表の下にも点在していて、マーズローバーの車輪に削られることもある。

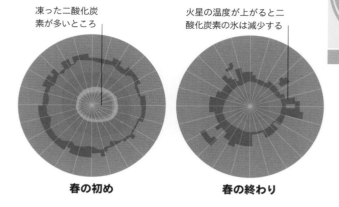

凍った二酸化炭素が多いところ

火星の温度が上がると二酸化炭素の氷は減少する

春の初め

春の終わり

火星中の氷が全部融けたら
火星は**水深35mの海**でおおわれるだろう

圧力で推定した氷の厚さ

- 0 g重/cm²
- 10 g重/cm²
- 20 g重/cm²
- 30 g重/cm²
- 40 g重/cm²
- 50 g重/cm²
- 60 g重/cm²
- 70 g重/cm²

オリンポス山

エヴェレストはオリンポスのおよそ3分の1の高さしかない

エヴェレスト山

火星の火山は今も活動している？

現在の火山は活動していないと考える科学者が多いが、単に休止状態ではないかという議論もある。地下深くに発見された液体の水はマグマ溜まりの熱で融けたのかもしれない。

マリナー峡谷

全長 4,000km を超えるマリナー峡谷

アメリカ合衆国の東岸から西岸までは 4,500km

アメリカ合衆国

グランドキャニオンは全長446km

マリナー峡谷

マリナー峡谷の深さは8km

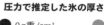 グランドキャニオンの深さは1.6km

4,000km を超える長さ、深さ 8 km の巨大で複雑に入り組んだマリナー峡谷は火星の赤道部分の 5 分の 1 にもおよぶ。火星の地殻のこの大きな火山性の割れ目は 35 億年前に火星が冷えるときにできた。1970 年代の初めに火星を周回し、これを発見したマリナー 9 号探査機に因んで名づけられている。

小惑星

太陽系には太陽や惑星、そしてその衛星以外にもたくさんの天体がある。小惑星と呼ばれる岩石と金属の小さなかたまりは惑星の間の軌道にちりばめられて太陽を周回している。

原始の太陽系と小惑星

夜空の小惑星は光の斑点でしかないが、ほんとうは太陽を周回する天体である。小惑星は太陽系を構成する惑星ができたときに余った物質、ということは惑星ができる前からあったものなので、太陽系の形成を理解するために小惑星はとても貴重なものといえる。ときどき地球に飛来する隕石のほとんどは小惑星のかけらであるから、隕石に含まれる放射性物質を解析するとその隕石の年齢や、さらには太陽系の年齢の推定が可能になる。

初めて発見された地球接近小惑星エロスの公転周期は2年弱と短い

イトカワの地球接近周期は3年

ガスプラは宇宙探査機が初めて接近した小惑星

地球接近小惑星トータティスはかなり扁平な軌道を4年かけて回る

火星

水星

太陽

金星

地球

ドーン探査機が周回して観測したケレス

トロヤ群小惑星

外側の層はケイ酸塩鉱物

鉄、ニッケルとケイ酸塩の混合物の層

大きな小惑星の構造

鉄とニッケルの高密度のコア

小惑星とは？
軌道を周回する小さな天体で、ケイ酸塩やニッケル、鉄などの物質が融合し、衝突によってしっかり固まってできたものである。メインベルト中の最大の小惑星ケレスは直径およそ950kmで現在は準惑星に分類されている。

地球接近小惑星の数はどのくらい？

2万個以上の小惑星が地球に接近する軌道上を動いていることがわかっている。科学者たちは小惑星が地球に衝突するという危険を回避するための方法を検討している。

太陽系の小惑星

小惑星の90％の軌道は火星と木星の間のメインベルト（小惑星帯）にある。トロヤ群と呼ばれる一群の小惑星は木星の大きな重力に捉えられて木星の軌道を同じ周期で回っている。地球に近い軌道を回る地球接近小惑星と呼ばれるものも多い。その中には地球軌道と交差するものもあって地球に衝突する可能性もあるかもしれない。

木星

メインベルト

衛星を持つことが初めて確認されたイダの軌道はケレスの軌道と交差する

小惑星の分類

小惑星のスペクトル型

小惑星の成分によって3つの主なタイプに分類される。

Si ケイ素	**Fe** 鉄	**Mg** マグネシウム

S型
比較的明るく見える小惑星でケイ酸塩鉱物と金属でできていて水分はほとんどない。

C 炭素	**P** リン	**N** 窒素

C型
岩石と粘土鉱物でできていて炭素の含有が多く金属はほとんど含まれずかなり暗く見える。

Fe 鉄	**Ni** ニッケル

M型
岩石と含水鉱物でできていて金属の含有が多く、やや明るく見える。

絶滅に至る大惨事

小惑星が地球に衝突すると大量死と破壊を引き起こすことがある。6,600万年前、小さな都市をおおうほどの大きさの小惑星、チクシュルーブ衝突体がメキシコの海岸付近に飛び込み、地球上の恐竜が全滅するという大惨事を引き起こした。同じような規模の事件はおよそ1億年ごとに起こっている。

小惑星の大きさ

恐竜の終焉を早めた小惑星はエヴェレストの高さよりやや大きかったが、長さ500kmを超える最大級のものに比べればまだかなり小さかった。

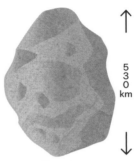

530km

8.9km
エヴェレスト山

10km
チクシュルーブ衝突体（小惑星）

ヴェスタ（小惑星）

すべての小惑星の質量をあわせても月の質量の3%しかない

はやぶさ探査機のサンプルリターン

隕石の飛来を待たずにサンプルを得ようと日本の宇宙航空研究開発機構（JAXA）が2005年に小惑星イトカワに着陸させたはやぶさ探査機は1,500個ものダスト粒子を採取して2010年にオーストラリア内陸部の砂漠に帰還した。さらに2020年末には後継機のはやぶさ2が小惑星リュウグウの5g以上のサンプルを地球に届けた。

地球との通信用アンテナ

機器を駆動する太陽光パネル

試料を採取するサンプラーホーン

ヴェスタのできかた

小惑星は惑星ができたときに余った物質である。惑星の形成は、細かいかけらが重力をおよぼしあって集まり、微惑星と呼ばれるかたまりになって始まった。全部のかたまりが惑星に組み込まれたわけではなく、火星と木星の間に帯状に微惑星が残った。しかしヴェスタのように大きいものはそれ自身の重力で融けるほど高温になり、さらに丸くなった。小さめの微惑星は不規則な形をそのまま保っている。

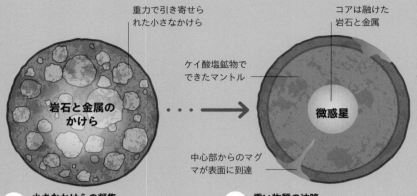

重力で引き寄せられた小さなかけら

岩石と金属のかけら

1 **小さなかけらの凝集**
岩石や金属のかけらが重力で引っ張りあい、互いに衝突を繰り返す。集まった物質は微惑星になり、衝突のエネルギーによって融けた。

コアは融けた岩石と金属

ケイ酸塩鉱物でできたマントル

微惑星

中心部からのマグマが表面に到達

2 **重い物質の沈降**
融けた岩石と金属のかたまりができ、鉄やニッケルなどの重い元素は中心部分へ沈み込んでコアとなり、マグマは表面へと上昇した。

小惑星探査

小惑星やメインベルトの調査のために研究者たちはハッブル宇宙望遠鏡のような観測機器を使ったり、NASAのドーンやJAXAのはやぶさのような探査機を打ち上げて接近して観測したり、試料を地球に持ち帰ったりしている。

2007年にドーン探査機打ち上げ

地球

地球の重力によってドーンを加速

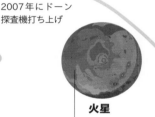

火星

ドーンは火星に接近して観測

他の小惑星との衝突によってできた特徴的な形のスノーマンクレーター

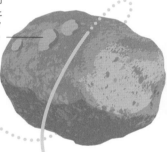

ヴェスタ

ドーンは最高時速4万1,000kmに到達

個性的な2つの小惑星

ケレスとヴェスタはどちらもメインベルトに属しているが、あまり似ていない。ヴェスタは直径570kmで950kmのケレスより小さい。ヴェスタは太陽に近く、地球型惑星のように高密度な岩石質である。地球はヴェスタのような衝突体からできたと考えられているのも事実である。ケレスが太陽からやや遠いということは凍った水を維持することが可能なほど低温で、太陽から遠い巨大惑星の氷衛星に似た構造だということである。

ケレスとヴェスタ

メインベルトには100万個を超える小惑星があるが、ケレスとヴェスタ、この2つの質量の合計は小惑星全体の40%を超える。現在、ケレスは準惑星に分類されている。

ケレスに生命の可能性は?

水があり、高温のコアもあってケレスはいかにも生命の痕跡があってもよさそうである。しかしほんとうに何か見つかったとしても、おそらくはるか過去のものに違いないだろう。

地殻が飛ばされてむき
出しになったマントル

小惑星

衝突ででこぼこ
になった表面

衝突で飛び散
ったデブリ

3 衝突で一部が飛散
硬くなった表面の一部が衝突によって
飛ばされて変な形になった。とりわけ大きな
衝突では内側の層がむき出しになった。

ケレスの白い斑点

NASAのドーン探査機が2015年
にケレスに接近してオッカトルク
レーターの底に明るい点を見つ
けた。反射率の高い塩の堆積し
たもののようで、ケレス表面か
ら水が蒸発したあとに残された
という可能性がある。ケレスの
内部の深いところに塩水が存在
して繰り返し表面に出てくるの
ではないかと考えられている。

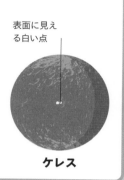

表面に見え
る白い点

ケレス

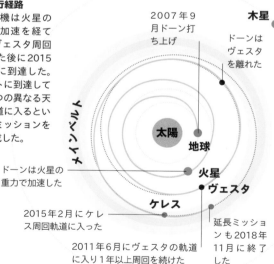

情報を地球へ
送る電波信号

元素組成の調査の
ためにガンマ線と
中性子を検出

ドーンは可視光と
赤外線でケレスの
表面の地図を作成

ケレスの内部構造
ケレスには含水岩石である深部のマント
ルと、外側には氷と塩類の堆積した鉱物
の地殻があって、その間に塩水が含まれ
ている層があるらしい。ケレスには地球
より多くの水があるかもしれない。

表面には多
数の小さな
クレーター

岩石質のマントル
塩水
氷の地殻

ケレス

NASAのドーン探査機のミッション

太陽系の起源を探るために、NASAはドーン探査機によるケレ
スとヴェスタの調査を実施した。搭載された機器は、これらの
小惑星の組成を理解し、この2つの天体がこんなに異なるに至
ったいきさつを解明することをめざして設計された。この調査
ではイオンエンジン（192-93頁参照）の能力も確認された。

ドーンの飛行経路
ドーン探査機は火星の
重力による加速を経て
2011年にヴェスタ周回
軌道に入った後に2015
年にケレスに到達した。
メインベルトに到達して
太陽系の2つの異なる天
体の周回軌道に入ると
いう初めてのミッションを
こうして達成した。

2007年9
月ドーン打
ち上げ

木星

ドーンは
ヴェスタ
を離れた

メインベルト

太陽

地球

ドーンは火星の
重力で加速した

火星
ヴェスタ

2015年2月にケレ
ス周回軌道に入った

ケレス

延長ミッショ
ンも2018年
11月に終了
した

2011年6月にヴェスタの軌道
に入り1年以上周回を続けた

ヴェスタのレアシルヴィア
クレーターの中央丘は**太陽
系の最高峰**

木星

木星の体積は太陽系の他の惑星すべての体積の合計よりも大きい。この巨大ガス惑星は重力も強くて周辺のすべてのものを支配している。

内部の層構造

木星の半径はおよそ7万kmで、その膨大な質量が極めて高い圧力となって内部にかかっている。この星はほとんどが水素とヘリウムでできている。外側の層ではこれらは気体になっているが、木星内部の深いところでは気体は圧縮されて次第に液体になる。2万km程度より深くなると金属水素と呼ばれる電荷を帯びた液体になっている。この層は太陽系で最大の海である。その下は5万℃程度の高温のコアになっているらしい。

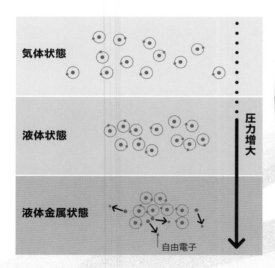

気体状態

液体状態

圧力増大

液体金属状態

自由電子

圧縮される水素の層

木星の大気中では水素は気体、中心に向かって圧力が増加すると液体状態になり、さらに圧縮されると、電子が自由になって金属状態となる。そして電流が流れて磁場が発生する。

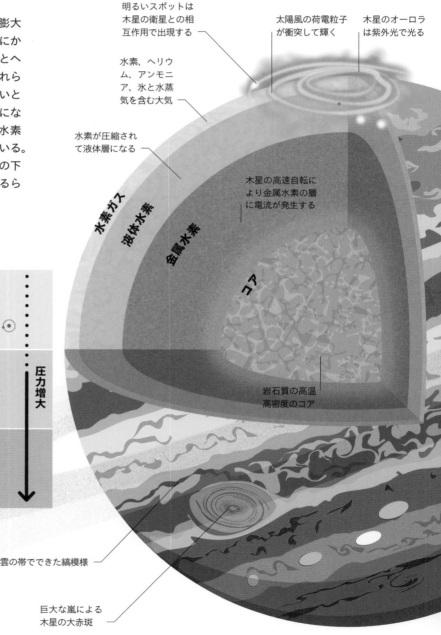

明るいスポットは木星の衛星との相互作用で出現する

太陽風の荷電粒子が衝突して輝く

木星のオーロラは紫外光で光る

水素、ヘリウム、アンモニア、氷と水蒸気を含む大気

水素が圧縮されて液体層になる

木星の高速自転により金属水素の層に電流が発生する

水素ガス

液体水素

金属水素

コア

岩石質の高温高密度のコア

雲の帯でできた縞模様

巨大な嵐による木星の大赤斑

ホットジュピター（灼熱巨大惑星）

木星と同じような大きさで他の恒星の近くにある太陽系外惑星がたくさん見つかっている。これらのホットジュピター（102-103 頁参照）は 10 日以下の周期で中心にある恒星を回っている。ずっと遠方から次第に中心星の近くに移動していったと考えられている。

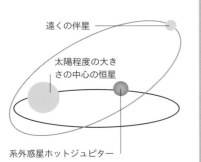

遠くの伴星

太陽程度の大きさの中心の恒星

系外惑星ホットジュピター

木星にも環がある？

他の巨大惑星と同じように木星にも環があるが、環はダストでできていて地球からは見えにくい。1979 年に宇宙探査機ボイジャー1 号が発見した。

木星には 4 本の環がある

環は小さくて暗いダスト粒子でできている

環

巨大惑星
木星の半径は地球の約 11 倍、体積は 1,000 倍以上ある。自転周期はおよそ 10 時間、自転速度が大きいので赤道付近が膨らみ極周辺は平らになっている。

木星の1日は太陽系で**最短の9時間56分**

磁気圏
木星の磁場は極めて広範囲に広がり、右の図の左側にある太陽の方へ 300 万 km、反対側の磁気圏の尾部は 10 億 km を超えて土星軌道の先にまで伸びている。この大きな磁気圏の起源は木星の表面下の金属水素の海で発生する対流による大きな電流である。

磁場は太陽に面する側では回り込む

荷電粒子は磁極に向かって集まる

木星磁場が太陽風を押しのける

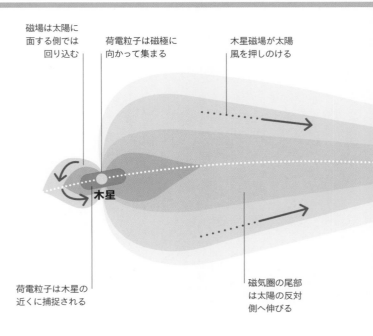

木星

雲はおもに凍ったアンモニアである

強力な磁場
木星の磁場は強いところで地球磁場の 54 倍に達するほど強力である。荷電粒子を捕捉し超高速にまで加速する。

荷電粒子は木星の近くに捕捉される

磁気圏の尾部は太陽の反対側へ伸びる

大赤斑

木星でもっとも目立つのは大赤斑と呼ばれる南半球の巨大な楕円形の嵐である。太陽系の中でも最大の高気圧性の渦で、1830年代にはすでに観測されていた。当時に比べると今は大きさが半分になっているがその理由はわかっていない。現在は地球と同じぐらいの大きさであるけれども、2040年ごろまでには真円になるかもしれない。

木星の嵐

白い楕円形の嵐も木星表面によく見られる。2019年12月にNASAのジュノー探査機は2つの楕円が数日の間に合体したことを観測した。

北極付近では大きな低温のスポットがオーロラにつながっている。

真珠の連なりと呼ばれる白いスポットの列

高温の大気

エネルギーの散逸

大赤斑はふちを渦に巻き込んで回転する雲である。このスポットの上空は木星大気の他のどこよりも高温で、これは圧縮された高温気体の上昇気流によると考えられている。

上昇気流のエネルギーが大赤斑の上空の大気を加熱する

大気中の低温の気体は下降する

嵐から上昇する高温の気体

エネルギーの移動

気体は木星の自転に合わせて回転する

物質の出入りによってスポットは常に変化している

木星の風の強さは？

木星の表面での風は時速600kmを超える。この風は木星内部の深い高温の部分からの対流によると考えられている。

大赤斑

嵐の底では渦がぶつかり合ってエネルギーを伝達する

渦が合体して嵐にエネルギーを供給する

固体表面がないので嵐を減速するような摩擦は生じない

木星の気象

木星の気象は他の惑星とはまったく異なる。大気は大きな嵐によって激しくかき回され、絶えず稲妻が光る。嵐も稲妻も地球では経験したことのないような激しさである。

雲の層

木星の観測で見える表面はオレンジ色、赤、褐色、そして白い雲の縞模様になっている。木星の両極では低気圧が押し合っていて、渦が木星の表面をおおっている。なかには自転とは逆方向に何百年も渦を巻き続けているものもある。木星の雲の上層には白く凍ったアンモニアが混ざっていて、ゾーンと呼ばれる赤道に平行な帯状になっている。そのような雲がないところでは木星大気の低層部が見えていてベルトと呼ばれる暗い帯状の部分になっている。

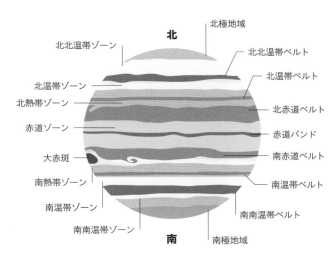

ゾーン（帯）とベルト（縞）
木星の気象は高温の気体が白いゾーンの中を上昇し、低温の気体が暗いベルト部分に下降するという対流によっている。

木星大気中では多いときには
1秒間に4回も稲妻が光る

木星の雷

1979年にボイジャー1号が木星の雷を初めて確認した。木星の極付近に現れるその雷は地球上での雷よりもずっと激しい。木星内部から上昇する水蒸気が大気中で水滴となる。さらに上昇すれば温度が下がり、水滴は凍結する。氷の粒どうしの衝突につれて雲の層の中に電荷がたまり、それが雷となって放電する。

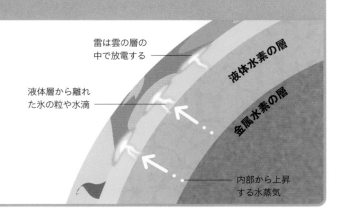

雷は雲の層の中で放電する

液体層から離れた氷の粒や水滴

液体水素の層

金属水素の層

内部から上昇する水蒸気

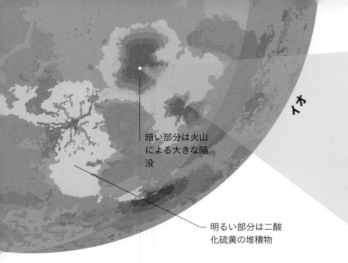

直径3,600kmのイオの重力は小さい。大気がないことと合わせて火山の噴火は地球の同じような火山と比べてはるかに高くまで上がる。

暗い部分は火山による大きな陥没

明るい部分は二酸化硫黄の堆積物

噴火が高く上がるので溶岩は遠くまで広がる

溶岩は薄い地殻から噴出する

上部マントル

マグマは上部マントル中で循環する

マグマは固体状態の下部マントルから上がってくる

下部マントル

イオの表面
イオの表面では、火山が地下の物質を噴き上げ、溶岩湖や山、幅250kmにもなる火山を造り、絶えず変化している。

もっとも活発な噴火地点はほんの数日しか持続しないことが多い

イオの噴火口

イオの火山分布
イオの火山の噴火地点はまったくランダムに分布するけれども、赤道付近ではやや間隔が広い。地殻の活動がこの地域では離れる方向に働いているのかもしれない。

イオとエウロパ

木星には79個の衛星が見つかっていて、その中の2個、イオとエウロパは太陽系の衛星の中でも特に興味深く、かつ好対照でもある。どちらも木星の強大な引力の影響を受けている。

ガリレオ衛星
木星の衛星のうち、大きい方から4つはガリレオ衛星と呼ばれていて、そのうちの2つがイオとエウロパである。木星の中心から42万kmしか離れていないイオは公転軌道が木星に近くて1.8日で一周する。それでイオには大きな潮汐があり、潮汐加熱によって太陽系内でももっとも火山活動がさかんである。一方でエウロパは離れていて木星を3.5日で公転している。したがって潮汐加熱もやや小さいが凍った地殻の下に水を貯めるには十分である。

潮汐加熱

イオの軌道は楕円で木星との距離が絶えず変化し、各部分に働く引力の差も変化してイオは伸縮変形を繰り返す。この変形の際の摩擦で内部が加熱される潮汐加熱の影響をイオやエウロパは顕著に受けている。

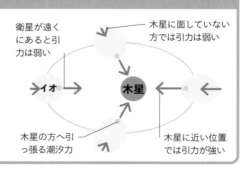

衛星が遠くにあると引力は弱い

木星に面していない方では引力は弱い

イオ

木星

木星の方へ引っ張る潮汐力

木星に近い位置では引力が強い

木星はイオをどのくらい変形させる？

イオが楕円軌道上で木星に近づくと木星の重力がイオの表面を膨らませる。イオの表面は1.8日の周期で100mも上昇、下降を繰り返している。

エウロパの活動
エウロパの表面には液体の水や水蒸気の噴出が見られる。
地下の海の水が木星による潮汐力で加熱され、地殻まで
上昇し、地表に噴き出すと考えられている。

エウロパの表面は太陽系の固体
の表面を持つ天体の中
でもっとも滑らかである

割れ目や線条の近
くにみられる尾根

氷地殻の一部は線条の
ところで壊れている

—— 表面に噴出する水や
水蒸気のプルーム

氷地殻

氷地殻から地表
への水の通り道

地殻は線条の両側を動い
ていることがわかった

やや温度の高い氷の層

液体の海が動く
と氷の層に割れ
目ができる

温まった液体の水
は氷の層を通って
表面へ上昇する

深さが100kmにも
なる液体の水の海

液体の水の海

最も幅の広い
線条の幅は
20kmもある

エウロパ

エウロパの氷地殻には筋がついてい
てこの氷の厚さについては多くの議
論がある。氷の下は海で地球の海、
湖、川を合わせたよりも多くの液体
の水があるので、科学者の中には生
命の痕跡の可能性を信じる人もある。
地下の海のさらに下は金属のコアの
上の岩石層である。

エウロパの凍った表
面は反射率が高い

暗いスポット
は、氷や放射線
で変化した塩と
硫黄の化合物か
もしれない

エウロパの表面
線条と呼ばれるエウロパ表面の暗い筋は地下の水
の動きによってできたと考えられている。同じよ
うなものは地球の氷冠の付近にも見られている。

エウロパ

線条

ガニメデとカリスト

ガリレオ衛星の外側の2つ、ガニメデとカリストはエウロパとイオよりも大きいが活動度は低い。そしてどちらも形成期の長期間、高いエネルギーで衝突を受け続けたあとが残っている。

ガニメデ

太陽系最大の衛星であるガニメデの直径は5,300kmで水星よりも大きいが、質量は水星の半分弱。薄い大気はおもに酸素で、磁場があることがわかっている衛星はガニメデだけである。これは内部に鉄のコアとはっきりした層構造があることを意味している。ガニメデは1週間で木星を一周し、いつも同じ側を木星に向けている。その表面は暗くてクレーターの多い領域と、地質活動に起因するらしい溝と尾根のある明るい部分に分けられる。

ガニメデはそんなに大きいのに惑星ではないのはなぜ？

ガニメデは丸くて水星よりも大きいけれども惑星ではない。恒星である太陽を周回するのが惑星、ガニメデは太陽ではなく木星を周回しているから。

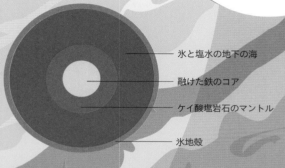

氷と塩水の地下の海

融けた鉄のコア

ケイ酸塩岩石のマントル

氷地殻

ガニメデの構造
ガニメデには1,500℃を超える融けた鉄のコアがある。これでケイ酸塩岩石の層と地球にあるよりも大量の水をたたえた広大な地下の海を温めている。表面は硬い氷である。

木星

カリスト

水星よりもわずかに小さいカリストには、表面をおおうクレーターが太陽系でもっとも多い。衝突の跡は極めて古く、はっきりとしていて、40億年以上にもわたって火山や地殻の活動によって衛星の表面が変化することがなかったことを示している。カリストはガリレオ衛星の中では唯一、潮汐加熱をほとんど受けていない。木星から190万kmも離れていて、ガリレオ衛星の中ではもっとも遠く木星の強力な磁気圏の影響も小さい。

バルハラクレーターの中央部

盆地の中には衝突クレーターが目立つ

明るい中央部を囲む同心環状の構造

多重環クレーターのバルハラ
バルハラは太陽系最大の衝突盆地で、明るい中央の盆地の周囲を取り巻く特徴的な多重環が表面の広い範囲をおおっている。

カリストの表面には太陽系でもっともクレーターが多い

表面の古い部分は暗い

衝突クレーターが新しい氷を露出させたところは白く見える

磁気圏
ガニメデの磁場は木星の磁場とは逆向きで、木星の磁場の中に泡状にできている。木星から飛来した粒子がガニメデの極に侵入しオーロラを発生させる。

ガニメデ

プレートが引き裂かれたところには明るい領域がみられる

木星の磁場とガニメデの磁場が相互作用をしている

ガニメデの磁気圏は1万kmも広がっている

遠くにある木星の衛星

ガリレオ衛星以外の木星の衛星の大部分は木星の強大な重力にとらえられた小さな天体である。その軌道はランダムに分布していて木星の自転と逆方向に周回しているものも多い。

カリストはガリレオ衛星のなかでもっとも遠い

79個もの衛星が木星の重力にとらえられている

小さな衛星は木星を無秩序に周回している

典型的なクレーターのできかた
太陽系で見られるクレーターの多くは大規模な衝突によるもので、そのエネルギーは衝突体と衝突された場所の両方を融かすほどである。最初の衝撃で融けた物質が上昇し、クレーターの中で固化する。そしてデブリが飛ばされてクレーターのふちの周辺に飛び散ることが多い。潮汐力でばらばらになってしまった彗星が衝突すると小さなクレーターの列ができる。

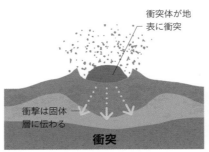

衝突体が地表に衝突

衝撃は固体層に伝わる

衝突

デブリは盆地のふちにばらまかれる

割れた岩石が窪地にたまる

クレーター形成

バルハラクレーターの形成
この特徴的な同心環状の構造は、衝突によってカリストの表面の外殻がすっかり壊されて、その下の海であったかもしれない柔らかい物質が露出してできた。深いところの物質はクレーターの中心方向へ流れ、衝突によって掘られたところを埋めた。柔らかい物質が動いたのでクレーターのふちの表面物質が崩れて環状になった。

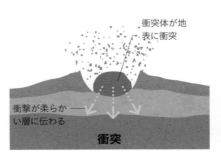

衝突体が地表に衝突

衝撃が柔らかい層に伝わる

衝突

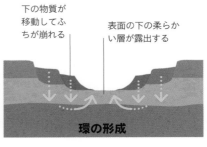

下の物質が移動してふちが崩れる

表面の下の柔らかい層が露出する

環の形成

土星の雲

成層圏

対流圏

凍ったアンモニアの雲

硫化水素アンモニウムの雲

氷の雲

-190℃でアンモニア結晶の霞（もや）ができる

-110℃以下でアンモニアは白い氷の雲になる

-40℃以下で硫化水素アンモニウムの雲ができる

0℃以下で氷と水蒸気の雲ができる

雲の層
大気の組成は水素とヘリウム、わずかなアンモニアとメタン、および水蒸気である。低温のために気体は凍って氷の雲になっている。

土星は太陽からどれだけ離れている？

土星の公転軌道の平均半径は約14億km、公転周期は約29.5年、太陽の光が届くまでに80分かかる。これは地球の約10倍。

土星

太陽から6番目の惑星である土星は太陽系では2番目に大きい。しかしなんと言っても人々を魅了するのは環のあるその姿である。

環のある惑星

土星は大部分が水素とヘリウムでできた巨大ガス惑星であり、地球などの岩石惑星とは違って固体の表面がない。半径は5万8,000kmで地球の約9倍もある。ほとんど氷でできた環が有名であるけれども、環のある惑星は土星だけではない。実際、4つの巨大惑星にはすべてに環があるけれどもはっきりとよく見えているのは土星の環だけである。

土星の内部構造

土星の分厚い大気の下には液体の水素分子の層があると考えられている。その下は高圧のために水素の分子が壊れて原子になり、金属水素と呼ばれる電気伝導性の液体になっている。土星の中心には1万℃に達する高温で高密度の岩石質のコアがあり、固体かもしれないし、融けているかもしれない。

風は大気中で雲を帯状に押しながら吹き荒れている

六角形の渦

土星の北極の近くに六角形の雲、あるいは渦が見られる。1辺の長さは約1万4,500kmで、大気中の複雑な乱流によるものだろうと考えられている。

北極の乱流

渦を巻く雲

環は土星から遠く28万kmも広がっている

土星の環はおそらく衝突によって破壊された衛星の氷のかけら

液体は金属に変化し始める

土星は水に入れれば浮くほど密度が小さい

高密度、高温のコアは岩石と金属であろうと考えられている

土星の表面として見えているのは大気の対流圏

イアペトゥス

ヒペリオン

岩石質のコア

金属水素

水素分子

液体金属の層によって土星の磁場が発生している

高圧のために液体になっている水素とヘリウムの層

レア

ヘレネ

カリプソ

土星最大の衛星タイタンには気象の季節変動がある

ディオネ

テレスト

テティス

パンドラ

ヤヌス

内部の層構造

土星の内部の構造の約75%は水素、25%はヘリウムである。コアに近づくにつれて内部の圧力は徐々に高くなっている。

内部に海のあるエンケラドゥス

ミマス

エピメテウス

土星の衛星

80個以上の衛星が土星を周回している。いくつかの小さな衛星が環の内側を回っているので環に隙間ができたり細かい構造が変化したりしている。

プロメテウス

アトラス

パン

土星に近い明瞭な環

環は発見された順にアルファベットで命名されている。もっともくっきりとした2つがA環とB環、そのあいだはカッシーニ間隙と呼ばれる。B環から内向きにC環、D環が続き、どちらもやや小さい氷の粒でできている。

環のそれぞれにはギャップとリングレット（細い環）の複雑な構造がある

E環の粒子は細かく密度も希薄でほとんど見えない

E環

G環は超微粒子なのでかなり見えにくい

F環はもっとも活動的で数時間ごとに変化している

土星探査機カッシーニの観測データからわかった**環の形成は今から1,000万〜1億年前、地球ではすでに生命が誕生**していた

D環　**C環**　**B環**　**A環**　**F環**　**G環**

マクスウェルギャップの中には細いリングレットがある

C環の内側寄りにコロンボギャップがある

B環は幅と明るさ、質量がすべて最大である

エンケ間隙はA環の中にあって幅は325km

厚さ5m　**厚さ5〜10m**　**厚さ10〜30m**

もっとも内側の環は極端に不鮮明

幅1万7,500kmのC環はぼんやりと暗い

衛星ミマスの引力でできたカッシーニ間隙

明瞭に見える環のなかでもっとも外側にあるのはF環

遠方の環

明瞭なD環からG環の外側にはさらに衛星フェーベの軌道まで極めて希薄な複数の環が広がっている。E環はかすかに見えるが、もっとも外側の衛星フェーベまで広がるフェーベ環は構成粒子が微細でほとんど見えない。

土星

ミマス　エンケラドゥス　テティス　ディオネ　レア／52万km

衛星レアまで広がるE環

衛星フェーベまで（1,295万km）

最外環までの距離（約1,300万km）

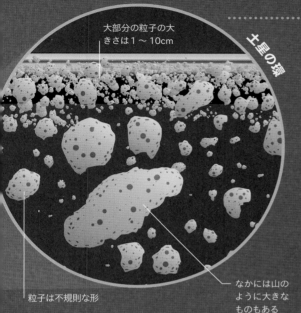

大部分の粒子の大きさは 1 〜 10cm

土星の環

粒子は不規則な形

なかには山のように大きなものもある

環の正体は？

土星の環のほとんどは凍った水で、通りかかった彗星や小惑星、土星の衛星に衝突した隕石のダストや岩石のかけらがいくらか含まれている。環の中の氷のかたまりはダスト粒子程度の大きさから幅数 km におよぶものもある。かたまりの密度が高いほど観測されやすく、もっとも密度の高い領域のある A 環と B 環が最初に発見された。

氷の粒子
粒子の 99.9％は水が凍ったもので、中にわずかに岩石質を含んでいる。岩石質の成分はケイ酸塩とソリンで、ソリンは宇宙線がメタンのような炭化水素と相互作用をして作り出した有機化合物である。

土星の環

土星の美しい環はとても硬いもののように見えるけれども、実際には無数の氷のかけらが集まってはっきりと見えるいくつかの環となり、巨大なガス惑星を周回し続けている。

環はどんな色？

土星の環が白く見えるのは大部分が凍った水だから。しかし探査機カッシーニの撮った写真では不純物によるピンクやグレイや褐色などの淡い色が識別された。

環の構造

土星の象徴とも言える環を構成する氷の粒の由来は、壊れた衛星のデブリや巨大惑星の形成の際に余ったもののようである。長い時間を経て、これらのかけらはダストに包まれて惑星を周回するようになった。典型的な環の厚さは 10 〜 20m であるが 1 km におよぶものもある。G 環までは土星の中心から約 17 万 5,000km 離れていて、土星の衛星による重力の影響で途中にいくつかのギャップと間隙と呼ばれるすきまがある。カッシーニ間隙の幅は 4,700km でもっとも大きい。

環のでき方

土星の環がどのようにしてできたのか、正確にはまだわかっていない。土星の衛星の 1 つが土星の方へ動き、ロッシュ限界を越えて崩壊したと考える人が多い。ロッシュ限界というのはそれ以上惑星に近づくとその潮汐力で破壊されるという距離のこと。また、大きな衛星の氷のマントルだけが破壊されて環となり、残った岩石のコアは土星へ落下したという考え方もある。

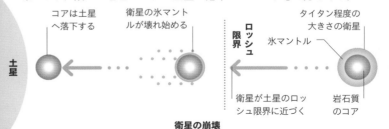

コアは土星へ落下する

衛星の氷マントルが壊れ始める

タイタン程度の大きさの衛星

氷マントル

ロッシュ限界

土星

衛星が土星のロッシュ限界に近づく

岩石質のコア

衛星の崩壊

タイタンの内部構造

NASAの探査機カッシーニの観測によればタイタンの内部は5層になっている。中心は直径およそ4,000kmのケイ酸塩岩石のコアで、その周りには高圧下で水が凍ってできるVI相と呼ばれる氷の殻がある。さらに上は液体の水、その上は通常の氷の層である。タイタンの表面である最外層には砂粒状か液状の炭化水素（水素と炭素の有機化合物）が堆積している。その上には高密度で高圧の大気が600kmも広がって宇宙に続く。

大気の組成

タイタンの大気の95％は窒素、5％はメタンで、水素と炭素の多い有機化合物がわずかに含まれている。

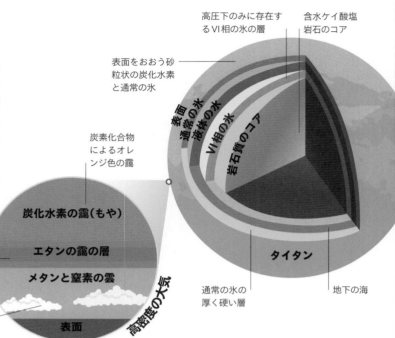

高圧下のみに存在するVI相の氷の層

含水ケイ酸塩岩石のコア

表面をおおう砂粒状の炭化水素と通常の氷

表面
通常の氷
液体の水
VI相の氷
岩石質のコア

炭素化合物によるオレンジ色の靄

炭化水素の靄（もや）

太陽の紫外線によるエタンの靄

エタンの靄の層

メタンと窒素の雲

低層の雲はメタンと窒素の分子

表面

高密度の大気

タイタン

通常の氷の厚く硬い層

地下の海

タイタンの気象

タイタンの表面は太陽系の中ではもっとも地球に似た環境の1つであるが、温度はずっと低い。地球に届く太陽光の約1％しか受け取れないタイタンの表面の温度は-180℃程度である。タイタンの気象の循環がみられるのは、メタンやエタンなどの炭化水素が液化する温度まで冷えて、雨となり、川や海になるからである。この循環は厚い大気中に堆積したメタンと窒素から始まる。

大気中でできた有機化合物は雲になる

降雨

有機化合物は凝縮し雨滴となって地上に降る

火山や表面の割れ目からメタンが大気中に浸み出す

タイタンと地球の月を比べると？

タイタンの直径は地球の月の直径3,500kmの1.5倍ほどであるけれども、タイタンの質量は月の1.8倍程度である。

1 **有機化合物の合成**
メタンは地下から大気中へ浸み出してくる。上空で太陽の紫外線によってメタン分子と窒素分子は分解される。さらに原子は再結合して水素や炭素を含む有機化合物になる。

2 **雨となって降る有機化合物**
有機化合物の一部は雲になり、雨となって降ってくる。タイタンの重力は小さく、大気の密度が大きいのでタイタンの雨は時速約6kmで地球上の6倍ほど時間をかけて降る。

タイタン

土星の最大の衛星タイタンは、太陽系ではガニメデに次いで2番目に大きい衛星で、雲ができて雨が降り一面に湖がある。地球の水循環に似た循環があるのは、太陽系ではタイタンだけ、ただしタイタンに降る雨はメタンである。

タイタンの直径は5,150km で4,900kmの**水星より少し大きい**

タイタンの湖を発見

NASAの探査機カッシーニはレーダーを用いてタイタンの表面の形状とメタンとエタンの液体の存在範囲の地図を作った。赤外線の吸収と反射を調べることで液体を確認できた。

14％近くはでこぼこした地形

湖と海は北極付近に集まっている

網目のように谷があって迷路のような地形

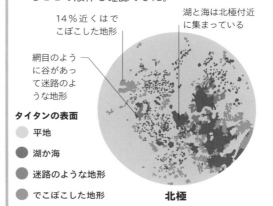

タイタンの表面
- 平地
- 湖か海
- 迷路のような地形
- でこぼこした地形

北極

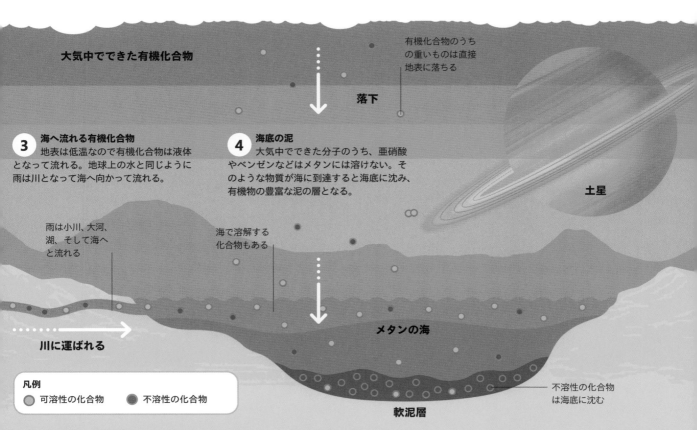

大気中でできた有機化合物

有機化合物のうちの重いものは直接地表に落ちる

落下

3　海へ流れる有機化合物
地表は低温なので有機化合物は液体となって流れる。地球上の水と同じように雨は川となって海へ向かって流れる。

4　海底の泥
大気中でできた分子のうち、亜硝酸やベンゼンなどはメタンには溶けない。そのような物質が海に到達すると海底に沈み、有機物の豊富な泥の層となる。

土星

雨は小川、大河、湖、そして海へと流れる

海で溶解する化合物もある

川に運ばれる

メタンの海

不溶性の化合物は海底に沈む

凡例
- 可溶性の化合物
- 不溶性の化合物

軟泥層

天王星と海王星

太陽系の中でももっとも太陽から遠いところにある巨大氷惑星が天王星と海王星。この２つの巨大惑星は大部分が水とアンモニアとメタンでできている。

天王星

太陽から7番目に位置する天王星の直径は5万1,000kmで地球の約4倍。27個の衛星と、かろうじて見える13本の環がある。天王星は半径29億kmの軌道を84年かけて公転しているが、自転周期は17時間、他の多くの惑星とは違って自転の方向は東から西である。また自転軸は公転面に垂直な方向から98°も傾いていて、これらは地球程度の天体との衝突の結果なのかもしれない。

天王星の内部構造
厚い大気の下には、水、アンモニア、メタンの液状のマントルがあって天王星の質量の大部分を占めている。太陽系の氷境界より外側ではこれらは凍っているのが普通なので氷惑星と呼ばれている。中心には小さな岩石質のコアがある。天王星の大気は低温であるが、コアはおそらく5,000℃にも達する。

天王星の表面として見えている部分は大気の上層である

巨大氷惑星はなぜ青い？

天王星、海王星の大気中のメタンが太陽光の赤い光を吸収するので反射光は青く見える。海王星のやや暗い色はその大気の中に何か未知の成分があるからかもしれない。

水素：82.5%

天王星

メタンとその他の微量気体：2.3%

ヘリウム：15.2%

大気の組成
天王星の大気は大部分が水素とヘリウムで、メタンが少しと、水とアンモニアがごくわずか含まれている。海王星の大気もほとんど同じ組成である。

幅が広くぼんやりした外側の2本の環

環は氷と岩石の暗い色の粒子の集まり

内側の環は9本の細い環と2本のダストの環

上層大気

下層大気

マントルは水、アンモニア、メタンの氷でできている

マントル

下層大気中では強い風が吹いている

高密度のマントルではおそらく液体のような性質の高温の氷になっている

ほとんど岩石質のコア

コア

アンモニアの雲の明るい縞模様

海王星

太陽系のもっとも遠いところ、太陽からおよそ45億kmの距離に海王星がある。この惑星も青く見えるけれども天王星よりは暗く、大気の活動を示す雲と暗い斑点、大暗斑がある。海王星には太陽系で最強の風が吹いていることが雲の動きからわかる。海王星は天王星よりわずかに小さく、14個の衛星と少なくとも5本の環が観測されている。

大気の大部分は水素とヘリウム

上層大気
下層大気
岩石質のコア
マントル
コア
環
アンモニアとメタンと水のマントル
暗斑
表面では激しい嵐が現れたり消えたりしている
海王星には5本の暗いダストの環がある

海王星の内部構造

天王星と同じように、海王星も中心の岩石と氷のコアが、水とアンモニアとメタンの氷のマントルに囲まれている。海王星の雲の下には超高温の水をたたえた海があるかもしれない。

巨大氷惑星の内部は**超高圧**なので**ダイヤモンドの海**があるかもしれない

超音速の風

海王星の強風は音速の1.5倍で吹き荒れている。これまでの研究によればこのような強風は大気の上層部で吹いているらしい。

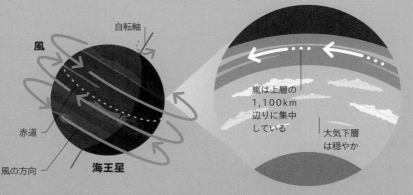

自転軸
風
赤道
風の方向
海王星
嵐は上層の1,100km辺りに集中している
大気下層は穏やか

天王星の大気は太陽の紫外光と相互作用をして靄（もや）のように見える

天王星の奇妙な季節の移り変わり

天王星の赤道は公転面に対してほとんど直角になっている。おそらく生まれた直後に大きな天体と衝突して自転軸が98°傾いたのだろうと考えられている。その結果、太陽系のどんな惑星ともまったく違う季節変化となる。公転周期のおよそ4分の1、つまりほぼ21年間はどちらかの極が太陽に向き、反対側の極はその間は夜が続く。

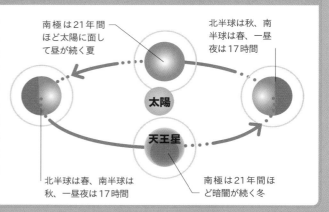

南極は21年間ほど太陽に面して昼が続く夏
北半球は秋、南半球は春、一昼夜は17時間
太陽
天王星
北半球は春、南半球は秋、一昼夜は17時間
南極は21年間ほど暗闇が続く冬

冥王星

かつて惑星の1つであった冥王星は、太陽系の外縁部に多くの似たような天体が発見されたときに、準惑星という分類に変更されることになった。この低温の準惑星の表面には山岳と氷原が複雑に入り組んでいる。

冥王星の表面

冥王星は大きい準惑星の1つであるけれども、その直径は地球の月の3分の2程度の2,380kmしかない。太陽からの平均距離は59億kmもあって表面の温度は低い。冥王星の表面には山岳、峡谷、氷原が広がり、中でも目立つ氷原はスプートニク平原で、直径1,000kmもあるこの平原はカイパーベルト（82-83頁参照）の天体が衝突してできたものである。

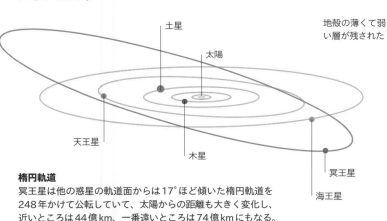

土星

太陽

天王星

木星

冥王星

海王星

楕円軌道

冥王星は他の惑星の軌道面からは17°ほど傾いた楕円軌道を248年かけて公転していて、太陽からの距離も大きく変化し、近いところは44億km、一番遠いところは74億kmにもなる。

冥王星の衛星

冥王星には同じような大きさの天体と衝突してできた5つの衛星が周回している。一番大きいカロンは冥王星の約半分で、とてもよく似ているので二重惑星系の候補と考えられることもある。

ヒドラ

ケルベロス

ニクス

スティクス

カロン

冥王星

直径がおよそ50〜100kmのカイパーベルト天体が冥王星に衝突した

氷地殻の大きな領域が削り取られた

地殻の薄くて弱い層が残された

地下の海が弱い層を押し上げてそこをさらに押し広げた

スプートニク平原

大きな天体が冥王星に衝突して地殻をむき出しにしたのでこのような目立つ姿になった。地下の海の半分融けた氷や凍った窒素が平地や窪地や丘になった。

冥王星の公転軌道の一部は海王星よりも太陽の近くを通る

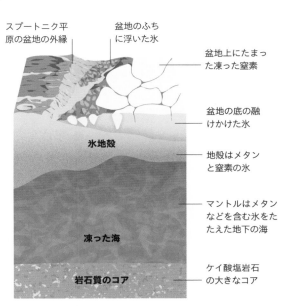

スプートニク平原の盆地の外縁

盆地のふちに浮いた氷

盆地上にたまった凍った窒素

盆地の底の融けかけた氷

氷地殻

地殻はメタンと窒素の氷

マントルはメタンなどを含む氷をたたえた地下の海

凍った海

岩石質のコア

ケイ酸塩岩石の大きなコア

冥王星の内部構造
地殻は少なくとも4kmの厚さの氷床である。この氷床が冥王星の質量の60%を占める岩石質のコアと液体であるかもしれない海をおおっている。

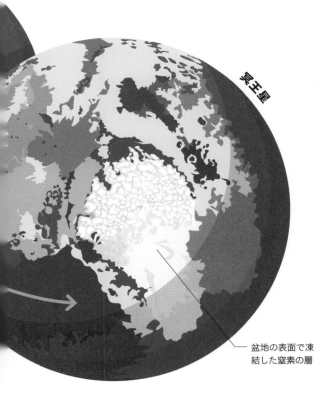

冥王星

盆地の表面で凍結した窒素の層

冥王星はいつできたか？

カイパーベルトの大部分の天体と同じように、冥王星はおよそ46億年前に原始太陽系のなかで誕生した。スプートニク平原ができた衝突はおそらく40億年ほど前。

冥王星の火山

スプートニク平原の南に2つの大きくて奇妙な山がある。大きい方はピカール山で高さは7km、幅は225kmある。これらの山は氷火山かもしれないと考えられている。氷火山は溶けた溶岩のかわりに水、アンモニア、メタンなどの化学物質の液体や蒸気を大気中に噴き上げる。周囲の温度が極端に低いところで起こる現象である。

蒸気や液体の雲が地表面から噴き上げられる

放出された物質は再凍結を始める

融けた物質が凍った表面を通って上がってくる

凍った物質は表面に積もって山になる

凍っていた化学物質が融けて液体の海になる

氷地殻

融けた海

岩石質のコア

氷火山とは
地表の下で凍っていた化学物質が放射性崩壊や潮汐力によって加熱されると、化学物質は融けて表面へ噴出し、そこで急速に再凍結する。

岩石質のコアが加熱される

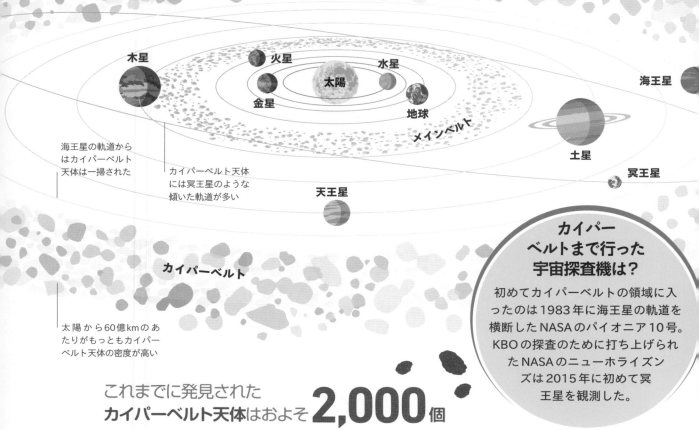

木星

火星

水星

太陽

海王星

金星

地球

メインベルト

土星

海王星の軌道から
はカイパーベルト
天体は一掃された

カイパーベルト天体
には冥王星のような
傾いた軌道が多い

冥王星

天王星

カイパーベルト

太陽から60億kmのあ
たりがもっともカイパー
ベルト天体の密度が高い

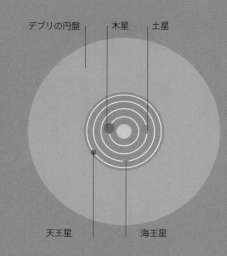

カイパー
ベルトまで行った
宇宙探査機は？

初めてカイパーベルトの領域に入
ったのは1983年に海王星の軌道を
横断したNASAのパイオニア10号。
KBOの探査のために打ち上げられ
たNASAのニューホライズン
ズは2015年に初めて冥
王星を観測した。

これまでに発見された
カイパーベルト天体はおよそ**2,000**個

カイパーベルト

海王星の軌道の向こうに広がる太陽系の外縁部に、
氷でおおわれた多数の天体がドーナツ状に分布する
ところがあってカイパーベルトと呼ばれている。

カイパーベルトの形成

太陽系の惑星は、気体、ダスト、岩石が互いの重力で引き合って
できた。それらの惑星からさらに遠いところに円盤状のデブリが
残された。長い時間が経って土星、天王星、海王星が外へ移動し、
デブリ円盤の軌道近くを周回する巨大な海王星はその内側の天体
の障害になった。海王星の重力の影響でデブリの多くは太陽から
遠ざかる方向、つまりオールトの雲（84-85頁参照）の中や太陽
系の完全に外側へと飛ばされた。結局、最初の円盤のごくわずか
な部分だけが残ってカイパーベルトになったが、この領域にはな
お数百万個もの小さな氷の天体が残っていると考えられている。

デブリの円盤

木星

土星

天王星

海王星

1 密集した惑星軌道

カイパーベルトの天体（KBO）は現在よ
りもずっと太陽の近くでできたと考えられてい
る。これらの天体は、惑星の近くに残った原始
惑星系円盤のデブリだったのかもしれない。

カイパーベルト天体（KBO）

カイパーベルトにはおそらく数百万個の氷天体が浮かんでいる。一般には白いけれども太陽などからの高エネルギー粒子の影響で赤いものもある。

カイパーベルトの氷天体の温度は−220℃程度

氷天体のベルト

太陽から45億kmの海王星の軌道から、さらに80億kmまで広がるカイパーベルトはメインベルト（60-61頁参照）に似ているけれどもずっと大きい。太陽からとても遠いので暗くて冷たいところである。直径100kmを超えるような何万個もの氷天体が存在して、その多くは凍結したアンモニア、水、そしてメタンでできている。衛星をもっていたり、準惑星に分類されたりするものも含まれている。彗星のなかにはカイパーベルトを起源とするものもある（84-85頁参照）。

準惑星

海王星の先の大きな4つの天体は準惑星に分類されている。準惑星は太陽を周回し、天体自身の重力で丸くなっているけれどもその軌道から別の天体を追い出してしまうほどには大きくないもので、2021年現在5個である。

冥王星
1930年の発見当時は第9惑星、2006年に準惑星とされた

エリス
2003年に発見され、準惑星を定義するきっかけになった

マケマケ
冥王星の3分の2ぐらいで、小さな衛星が見つかっている

ハウメア
卵形で2つの衛星と1本の環がある

ケレス
メインベルトにあって海王星の軌道より内側の唯一の準惑星

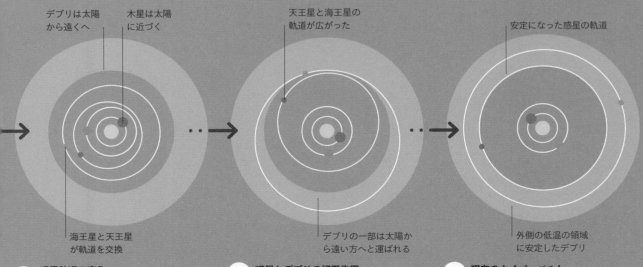

デブリは太陽から遠くへ

木星は太陽に近づく

天王星と海王星の軌道が広がった

安定になった惑星の軌道

海王星と天王星が軌道を交換

デブリの一部は太陽から遠い方へと運ばれる

外側の低温の領域に安定したデブリ

2 **惑星軌道の変化**
ニースモデルでは、土星、天王星、海王星は太陽から遠ざかる方向に動き、木星は近づく方向に動いたと考えられている。さらに天王星と海王星はたがいに位置を交換した。

3 **惑星とデブリの相互作用**
天王星と海王星は太陽から遠ざかるときに、周囲のデブリを伴って行ったと考えられている。デブリはさらに低温の太陽系の外縁部へ運ばれた。

4 **現在のカイパーベルト**
長い時間を経て、惑星と氷天体の軌道は安定になり、現在のカイパーベルトができあがった。しかし、天体の中には軌道が海王星に近づきすぎて邪魔をされるものもある。

彗星

惑星ができるときに余ったダストと氷は、太陽系の外縁部で直径が数十km程度の小さな天体になっている。この天体が惑星の引力など何らかの原因で通常の軌道からそれて離心率の大きな軌道に移ると太陽系の内側へ向かう。さらに太陽に近づくとガスやダストを蒸発させて彗星になる。

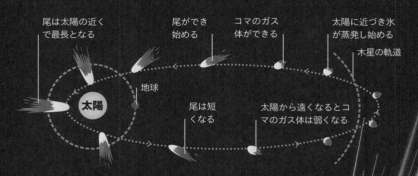

尾は太陽の近くで最長となる

尾ができ始める

コマのガス体ができる

太陽に近づき氷が蒸発し始める

木星の軌道

太陽

地球

尾は短くなる

太陽から遠くなるとコマのガス体は弱くなる

彗星の周回

太陽に近づくと彗星表面の氷は蒸発し、コマと呼ばれるガスの部分とイオンとダストの2つの尾ができる。太陽から十分に離れるとコマは暗くなり尾は消えてしまう。大きいダスト粒子は彗星の軌道を回り続けてダストトレイル（29頁参照）となる。

荷電粒子

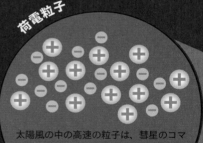

太陽風の中の高速の粒子は、彗星のコマの中の荷電粒子、つまりプラズマと相互作用してプラズマの尾となる。ガスの尾、イオンの尾などとも呼ばれる。

ダストの尾は軌道に沿った彗星の動きによって曲がる

プラズマの尾

ダストの尾

尾はとても明るく見えることもある

彗星核からガスが蒸発するときにダストを伴う

太陽風の磁場によってコマのイオンはプラズマの尾へ押し出される

彗星の核に埋め込まれたダストと岩石の粒子

ふつうの彗星の核の直径は数km

彗星の核

太陽の光

太陽風

氷と凍ったガス

彗星の核をつつむコマのガス体

彗星の構造

彗星の核は少量のダストと岩石のかけらが埋め込まれた氷と凍ったガスである。太陽からの光と太陽風の圧力でダストとプラズマは外側へ押されて2つの特徴的な尾となる。

彗星のコマの大きさは？

彗星の核の周囲のガス体の大きさは直径何千kmにもなり、ぼんやりと丸く輝いて見える。なかにはコマの大きさが地球より大きい彗星もある。

浮遊惑星

オールトの雲のさらに向こうには惑星ほどの大きさの天体がある可能性がある。それは浮遊惑星と呼ばれ、特定の恒星を周回しているわけではない。恒星を周回していた天体がはじき出されたか、あるいはそもそも周回したことのない天体かもしれない。

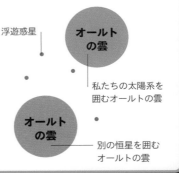

浮遊惑星

オールトの雲

私たちの太陽系を囲むオールトの雲

オールトの雲

別の恒星を囲むオールトの雲

彗星の尾は数億kmにもなることがある

オールトの雲の天体は数十億、あるいは数兆もあるかもしれない

彗星とオールトの雲

太陽系にはカイパーベルトのさらに先に氷天体の集団がはるか彼方まで広がっていると考えられている。この集団はオールトの雲と呼ばれ、ときどき太陽系の中心付近にまで達する長周期の彗星はここからやってくる。

オールトの雲

オールトの雲は太陽から3,000億kmから7,500億kmの付近から始まって1兆5,000億kmから15兆kmのあたりで終わると考えられている。つまりその端は太陽と、太陽からもっとも近い恒星とのちょうど半ばにあるということである。メインベルト（60-61頁参照）やカイパーベルト（82-83頁参照）ではほとんどの天体は太陽系の惑星の公転面に近い面内を回っているが、オールトの雲の中では天体はさまざまな公転面をもっ

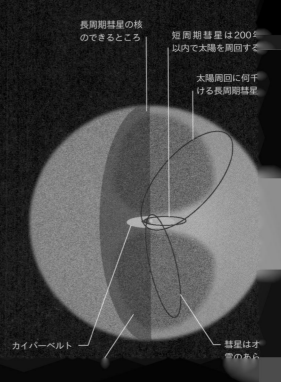

長周期彗星の核のできるところ

短周期彗星は200年以内で太陽を周回する

太陽周回に何千～ける長周期彗星

カイパーベルト

彗星はオ～雲のあら～

第3章 恒星

主系列星の分類

スペクトル型	色	表面温度（K）	質量（太陽の質量＝1）	半径（太陽の半径＝1）	光度（太陽の光度＝1）
O	青	25,000 K 以上	18 以上	7.4 以上	20,000–1,000,000
B	青白	11,000–25,000 K	3.2–18	2.5–7.4	11,000–20,000
A	白	7,500–11,000 K	1.7–3.2	1.3–2.5	6–80
F	黄白	6,000–7,500 K	1.1–1.7	1.1–1.3	1.3–6
G	黄	5,000–6,000 K	0.78–1.10	0.85–1.05	0.40–1.26
K	橙	3,500–5,000 K	0.60–0.78	0.51–0.85	0.07–0.40
M	赤	3,500 K 以下	0.10–0.60	0.13–0.51	0.0008–0.072

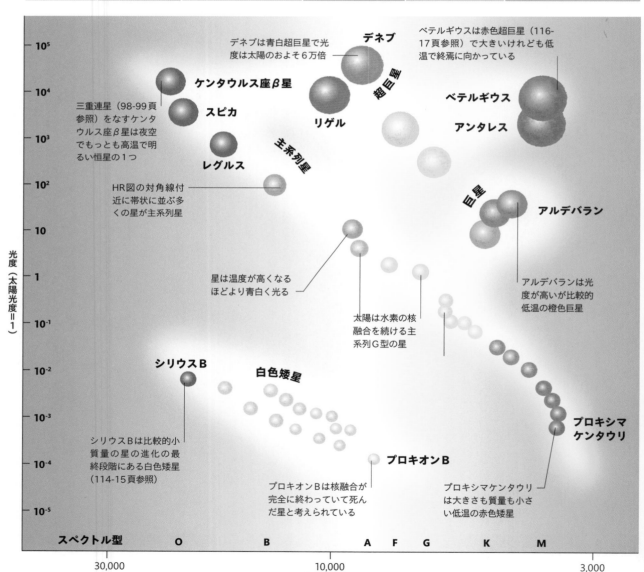

デネブは青白超巨星で光度は太陽のおよそ6万倍

ベテルギウスは赤色超巨星（116-17頁参照）で大きいけれども低温で終焉に向かっている

デネブ

超巨星

ケンタウルス座β星

三重連星（98-99頁参照）をなすケンタウルス座β星は夜空でもっとも高温で明るい恒星の1つ

スピカ

リゲル

ベテルギウス

アンタレス

レグルス

主系列星

HR図の対角線付近に帯状に並ぶ多くの星が主系列星

巨星

アルデバラン

星は温度が高くなるほどより青白く光る

アルデバランは光度が高いが比較的低温の橙色巨星

太陽は水素の核融合を続ける主系列G型の星

シリウスB

白色矮星

シリウスBは比較的小質量の星の進化の最終段階にある白色矮星（114-15頁参照）

プロキオンB

プロキシマケンタウリ

プロキオンBは核融合が完全に終わっていて死んだ星と考えられている

プロキシマケンタウリは大きさも質量も小さい低温の赤色矮星

光度（太陽光度＝1）

10^5 10^4 10^3 10^2 10 1 10^{-1} 10^{-2} 10^{-3} 10^{-4} 10^{-5}

スペクトル型　O　B　A　F　G　K　M

30,000　10,000　3,000

表面温度（K）

スペクトルによる恒星の分類

恒星は左ページのHR図を使って分類されている。水素からヘリウムへの核融合（90頁参照）をしている星は主系列星である。主系列星は星の一生の中では中期の安定状態にあって、HR図の中程の対角線に位置する。星に含まれる元素によって発する光の色の型であるスペクトルが異なる。主系列星はそのスペクトル型によってO、B、A、F、G、K、Mの7グループに分類される。スペクトル型のO型の星がもっとも高温、M型がもっとも低温である。星の一生の最後に近い白色矮星や超巨星はこの帯状の系列から外れ、水素の供給が枯渇して不安定になっている。

HR図

アイナー・ヘルツシュプルングとヘンリー・ラッセルの名前をつけたこの有名な図は恒星の温度と光度の関係を示している。恒星はその生涯の大部分を少しカーブした対角線上の主系列星としてすごす。質量の小さい星は赤く、図の下部の右の方にいる。上部の左側の青い星は質量がもっとも大きい。水素の供給が枯渇した巨星と超巨星は上部の右にある。

夜空でもっとも明るい星は？

おおいぬ座のシリウスは地球上で夜空に見えるもっとも明るい星、見かけの等級は-1.47等。

恒星の分類

恒星はとても遠いところにあるので、本当はどのくらいの大きさで、どのくらいの明るさであるかを語ることは難しい。星の大きさや温度によってそのスペクトル（26-27頁参照）が異なるので、天文学ではスペクトルを解析して恒星を分類している。

光度と明るさ

恒星が1秒間に放出するエネルギーの大きさを光度という。恒星が地球の空でどれほど明るく見えるかは見かけの等級と呼ばれ、その星の光度と地球からの距離による。見かけの等級は数字で表現され、暗い星は大きな数字、明るくなるほど小さい数字、もっとも明るい星は負数になる。数値は対数を使って定義されていて、こと座のベガを0等級としている。1等星は6等星の100倍明るく、1等級暗くなると明るさは約2.5分の1になる。

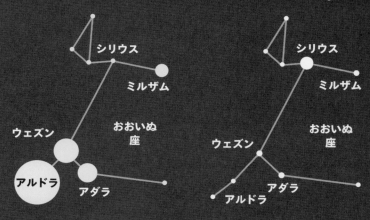

光度

白い円の大きさはおおいぬ座の星の光度をあらわす。しかしどんなに多くの光を発する星も地球から遠ければ夜空に明るい星としては見えない。

見かけの等級

同じおおいぬ座の星の見かけの等級を円の大きさで示す。シリウスは地球に近いのでずっと明るいが、太陽の17万6,000倍の光度のアルドラはとても遠いので極めて暗くしか見えない。

もっとも光度の大きな明るい星はもっとも暗い星の数十億倍もの光を発している

恒星の輝き

恒星は原子核反応によって超高温になり輝いている。恒星の中心部では水素の原子核が重力によって圧縮されて超高温、超高圧となるので、核融合が起こってヘリウムの原子核に変わり、そのときにエネルギーが放出される。

恒星のエネルギー源

恒星はおもに水素のヘリウムへの変換という核融合によってエネルギーを得る。星がその生涯にわたってそのように大きなエネルギーを発生する方法は他にはないことがわかっている。星の内部での核融合によってニュートリノという小さな粒子が放出され、地球上では太陽で発生したニュートリノを検出することができる。地震によって地球内部がわかるように、太陽の表面の振動の解析によってその内部の構造を知ることもできる。

私たちは星くずでできている？

人体を構成するほとんどすべての元素は星の中で何十億年もかけて作られたもの。水素とヘリウムは例外で、ビッグバンで宇宙が誕生した直後にできた。

燃料である**水素を太陽が**すべて**使い尽くす**には

100億年

かかるであろう

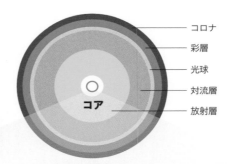

コロナ
彩層
光球
対流層
放射層
コア

**太陽に似た
恒星の層構造**

凡例
- 陽子
- 陽電子
- ニュートリノ
- 中性子
- 光子

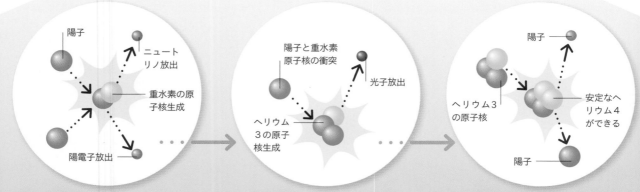

陽子
ニュートリノ放出
重水素の原子核生成
陽電子放出

陽子と重水素原子核の衝突
光子放出
ヘリウム3の原子核生成

陽子
ヘリウム3の原子核
安定なヘリウム4ができる
陽子

1 陽子の融合
2つの水素の原子核（陽子）が融合して重水素の原子核になって核融合が始まる。副産物として陽電子とニュートリノが放出される。

2 光子の放出
重水素の原子核に別の陽子が衝突してヘリウム3の原子核ができる。この過程で大きなエネルギーが熱と光子として放出される。

3 ヘリウムの生成
2つのヘリウム3の原子核が衝突してヘリウム4の原子核ができる。このとき陽子を2つ放出するので核融合がさらに続く。

熱の輸送

恒星の各層はおもに対流と放射によって熱を外へ動かす。コアから熱を運び去るときに放射では遅すぎる場合に対流が起こる。大質量の星では核融合による熱の発生が高速なのでコアの周囲では対流がおもに熱を輸送する。太陽のような中間の質量の場合には熱はコアの周辺では放射によって、外側の温度の低いところでは対流によって運ばれる。小質量の星では熱はすべて対流で運ばれる。

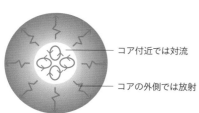

コア付近では対流

コアの外側では放射

**太陽質量の
1.5倍を超える星**

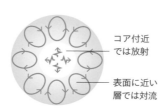

コア付近
では放射

表面に近い
層では対流

**太陽質量の
半分から1.5倍の星**

熱は対流だけ
で輸送される

**太陽質量の
半分以下の星**

凡例

 対流

〜 放射

元素の合成

水素とヘリウムを除く軽い天然元素の大部分は星の一生の間の段階的な核融合、あるいは星が突然に超新星爆発を起こしたときに作られた。鉄の原子核は核融合をしないので鉄よりも重い元素は星のコアでは作れない。より重い元素のなかには末期の爆発しない赤色巨星のコアで作られたものもある。あとの元素は2つの中性子星の合体の際の激しい爆発により作られたと考えられている。

外層は最初に融合する元素である水素

水素は核融合によってヘリウムに変わる（左図参照）

ヘリウムはトリプルアルファ反応（111頁参照）によって炭素と酸素になる

炭素はナトリウムとネオンになる

ネオンは酸素になり、さらにマグネシウムになる

酸素は核融合でケイ素になる

超巨星の中でケイ素は核融合で鉄になって星の生涯を終える

水素

ヘリウム

炭素

ネオン

酸素

ケイ素

鉄とニッケルのコア

コアは長い時間をかけて収縮する

玉ねぎ構造
この構造は大質量の星の超新星爆発（118-19頁参照）の寸前までのコアの進化を示す。それぞれの殻の元素は核融合によってすぐ内側の殻の元素に変わる。

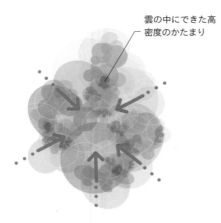

雲の中にできた高密度のかたまり

1 密度の高い部分ができる
星の生成は宇宙の雲の中に周りよりも密度の高い部分ができることで始まる。この領域中の分子は互いに引っ張り合い、雲の中にかたまりを作る。これらがやがて星になる。

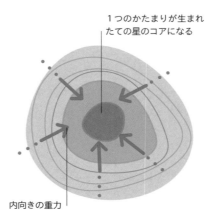

1つのかたまりが生まれたての星のコアになる

内向きの重力

2 コアの崩壊
それぞれのかたまりのコアはその外側よりも密度が高いので先に崩壊する。結果として、アイススケーターが腕を引き付けてスピンをするように角運動量を保存しながら回転を続ける。

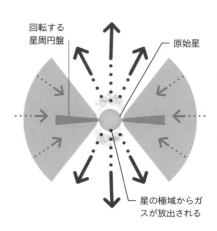

回転する星周円盤

原始星

星の極域からガスが放出される

3 原始星の形成
生まれたての星のコアが原始星となり、ガスとダストの回転する円盤に囲まれるようになる。広がった雲は平らになり、はっきりし始める。余ったガスは原始星の極域からジェットとして放出される。

星の誕生

広大な宇宙では、あらゆる銀河の中で絶えず星が生まれている。巨大分子雲と呼ばれるガスとダストの大きな雲の中で原始星として星は生まれ、安定な主系列星へと進化を続ける。星の一生のさまざまな段階の多くの星を調べることによって、星が進化のどのあたりにあるかを知ることができる。

原始星の形成
星は、光を遮るほど十分に密度の高いガスとダストの暗い雲（94-95頁参照）の中で形成される。超新星爆発（118-19頁参照）による衝撃波でその雲が乱されると星の誕生が始まり、ガスやダストのかたまりはそれ自身の重力で引き合い始める。あとは重力によって進行する。

星の大きさと数

宇宙には大質量の星よりも小質量の星の方がずっと多い。これは大きな星は少ししか生まれないということもあるが、極めて大きい星は一生が短く、燃料を消費して発光し続ける期間が長くないことも原因である。この図に示すように太陽質量の10倍以上の星1個に対して、太陽質量の2倍から10倍の星がおよそ10個あり、太陽質量の半分から2倍の星は50個ぐらいある。さらに小さい赤色矮星（88-89頁参照）はもっと多く、太陽質量の10倍以上の星1個に対して200個ほどある。

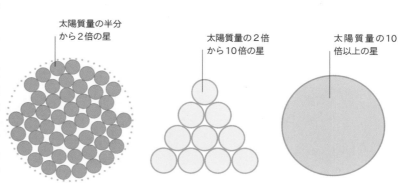

太陽質量の半分から2倍の星

太陽質量の2倍から10倍の星

太陽質量の10倍以上の星

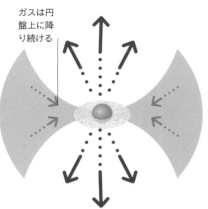

ガスは円
盤上に降
り続ける

4 Tタウリ型星
100万年後には原始星の中心温度は600万℃に達する。この時点で水素の核融合が始まり、Tタウリ型星と呼ばれる若い恒星が輝き始める。

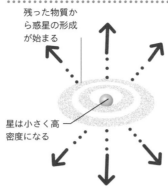

残った物質から惑星の形成が始まる

星は小さく高
密度になる

5 前主系列星
1000万年後にはTタウリ型星は収縮してさらに高密度になる。円盤の物質が星に流れ込んだり宇宙に散逸したりする。円盤上で惑星の形成が始まる。

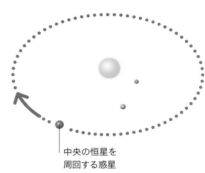

中央の恒星を
周回する惑星

6 惑星系の形成
星はいまや主系列星となり、その星を周回する惑星系が完成する。このような典型的な惑星系はおよそ100億年も継続する。

星の内部に働く力

小質量、あるいは中間質量の星が水素からヘリウムへの核融合を開始すると主系列星（88-89頁参照）となる。星の生涯のこの時点では、星の内部に働く力、つまりコアからのガスの圧力と反対方向の重力とが均衡を保っている。主系列の星はおよそ100億年も安定して輝き続ける。

力の均衡
星の内部で外向きに押す圧力と内向きに引っ張る重力のつり合いは静水圧平衡として知られている。このつり合いが星を安定に保っている。

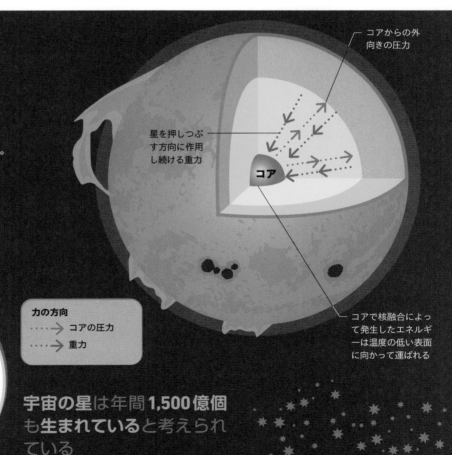

コアからの外
向きの圧力

星を押しつぶ
す方向に作用
し続ける重力

コア

コアで核融合によって発生したエネルギーは温度の低い表面に向かって運ばれる

力の方向
····▷ コアの圧力
····▷ 重力

最初の星が現れたのはいつ？

最初の星が現れたのはビッグバンの2億年ほどあとで、銀河が爆発的に増えるのはさらに10億年ほどあとのこと。

宇宙の星は年間1,500億個も生まれていると考えられている

星雲

星雲は宇宙空間に浮かぶダストとガスの巨大な雲。宇宙空間にまばらにある物質が互いの引力にひかれて集まると星雲になる。特に密度の高い星雲は星の生まれるゆりかごとなる。

散光星雲の分類
３種類の散光星雲の特徴と、地球に届く星の光との関係は右の図のようになっている。

地球ほどの大きさの**星雲の全質量は数kg**しかないらしい

散光星雲

夜空のかすかなしみのような星雲に初めて気がついた昔の天文学者たちには、それが何なのかまったくわからなかった。望遠鏡が発明されると星雲は次々に発見され、1781年にフランス人の天文学者シャルル・メシエは彼の有名な天体のカタログに幾つかの「散光星雲」を記入した。ほとんどの星雲はその周囲がはっきりしなかったので「散光」と分類された。今では散光星雲は、地球からどのように見えるかによって輝線星雲、反射星雲、暗黒星雲に分けられている。惑星状星雲と超新星残骸は星の終焉と爆発に関連する別のタイプの星雲である。

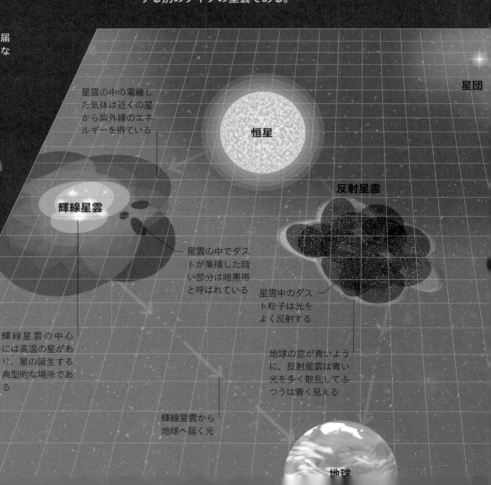

星団

星雲の中の電離した気体は近くの星から紫外線のエネルギーを得ている

恒星

反射星雲

輝線星雲

星雲の中でダストが集積した暗い部分は暗黒帯と呼ばれている

星雲中のダスト粒子は光をよく反射する

輝線星雲の中心には高温の星があり、星の誕生する典型的な場所である

地球の空が青いように、反射星雲は青い光を多く散乱してふつうは青く見える

輝線星雲から地球へ届く光

地球

星雲はどのくらい大きくなる?

地球から17万光年のかなたにある大マゼラン雲の中のタランチュラ星雲の直径は1,800光年もある。

星の生まれるところ

星雲の多くは星の生まれるところである。もっとも有名なのはわし星雲で、「創造の柱」の名をもつ塔のような星雲の中で星が生まれている。数光年の長さのこれらの塔は、近くの若い星からの紫外線でも蒸発しない高密度の物質でできている。

巻きひげのように伸びたダスト

創造の柱
わし星雲の中のこの不思議な柱の先端では何百という星が生まれようとしている。

終末期の星による星雲

惑星状星雲（112-13頁参照）と超新星残骸も星雲の一種で、終末期の星である。紛らわしいが、惑星状星雲は惑星とは関係がなく、終焉を迎えた小さな星が放出したガスの殻で、この殻はその星の出す紫外線によって電離し星雲を明るく輝かせている。巨星が超新星として激しく爆発したときには超新星残骸となって、電離したガスとダストの大量の雲を吹き飛ばしつつ輝く。

青い色は高温のヘリウムの輝き

惑星状星雲
こと座の環状星雲は小質量の星の生涯の最終段階の残照である。

薄いオレンジ色の領域は超新星が残した低温のダスト

超新星残骸
おうし座のかに星雲は1054年に出現した超新星爆発の残骸である。

星団から地球への光

暗黒星雲

星団からの光は暗黒星雲に吸収されて地球に届かない

暗黒星雲
暗黒星雲は反射星雲と同じように発光しないダストの雲であるが、背後からの光を遮るので暗黒の領域になる。

擬似カラー画像

星雲や銀河などの宇宙の天体の発する光は、可視光には含まれない、私たちの目には見えない光であることも多い。天文学ではこのような天体を写真にするために、観測されたさまざまな放射の強度を人間の目が感じる色に割り当てるソフトウェアを使う。こうしてできた写真を擬似カラー画像という。

紫外線放射強度を色の変化に置き換えて表現する

紫外線で見た星雲

星団

星団と呼ばれるグループに属する星がある。散開星団は同じガスとダストの雲からできた若い星の緩やかなグループ、球状星団は古い星が球状に密集したものである。

星団の種類

散開星団のほとんどは数千万年しか経っていない。もとの星雲の残骸を含んでいることがあり、やや青く見えることが多い。球状星団は宇宙とほぼ同じ年齢で、ガスと巨星はすでに含まれていない。数千から数百万の星が互いに重力で束縛された集団である。

 プレアデス星団は紀元前1600年ごろの天文盤、ネブラディスクに記されている

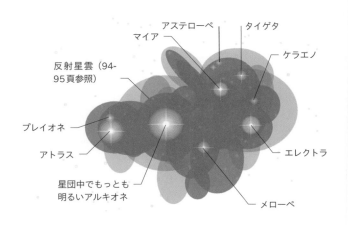

マイア　アステローペ　タイゲタ
ケラエノ
反射星雲（94-95頁参照）
プレイオネ
アトラス
エレクトラ
星団中でもっとも明るいアルキオネ
メローペ

散開星団
日本では「すばる」と呼ばれるプレアデスは3,000個ほどの星からなる散開星団で、肉眼でもいくつか見えている。1億年以下の若い星で、9個の青く輝く巨星が目立つ。プレアデスのもっとも明るい星々はギリシヤ神話の7人の姉妹とその両親、アトラスとプレイオネに因んで名づけられている。

星団の年齢はどうすればわかる？

星団には異なる種類の恒星が属しているので年齢を推定できる。巨星に移行した星が多ければ、その星団は古い。

散開星団の変遷

星が生まれるような分子ガスの大きな雲には何千個もの星ができるほどの物質が含まれているので、自然に星団を形成する。星団には比較的低温の赤色矮星から大きな青色巨星まであらゆる種類の星が属している。大質量の星々が死ぬと多くの緩くつながった小さな星々は別の重力源に引っ張られてしまうので、大部分の星団は数億年しか存続しない。

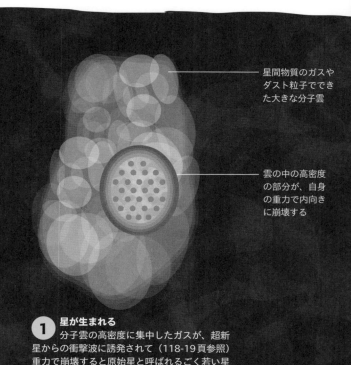

星間物質のガスやダスト粒子でできた大きな分子雲

雲の中の高密度の部分が、自身の重力で内向きに崩壊する

① 星が生まれる
分子雲の高密度に集中したガスが、超新星からの衝撃波に誘発されて（118-19頁参照）重力で崩壊すると原始星と呼ばれるごく若い星が生まれる。

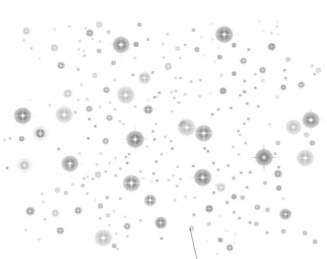

球状星団
ケンタウルス座にある広大なオメガ星団の星は100億年以上を経た古い星で、地球から1万6,000光年を超える距離にあるけれども1,000万個を超える星が明るく輝いていて肉眼でも1つの星のように見える。

通常の球状星団とは違い、オメガ星団にはさまざまな年代の星が属しているが、その多くは小さな黄白色の星である

青色はぐれ星

球状星団はほとんどが古い星であるが、それでも中には青い若い星が輝いていることがある。そのような「青色はぐれ星」は、星団の中央部分の古い赤い星が衝突するほど密集しているところでできたと考えられている。衝突が起こると新しい大質量の青い星ができて、水素がそのコアに送り込まれる。

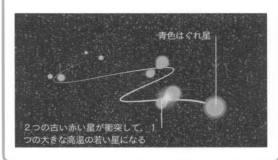

青色はぐれ星

2つの古い赤い星が衝突して、1つの大きな高温の若い星になる

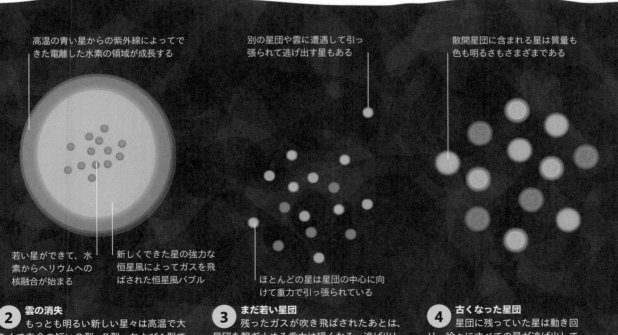

高温の青い星からの紫外線によってできた電離した水素の領域が成長する

別の星団や雲に遭遇して引っ張られて逃げ出す星もある

散開星団に含まれる星は質量も色も明るさもさまざまである

若い星ができて、水素からヘリウムへの核融合が始まる

新しくできた星の強力な恒星風によってガスを飛ばされた恒星風バブル

ほとんどの星は星団の中心に向けて重力で引っ張られている

2 雲の消失
もっとも明るい新しい星々は高温で大きくて寿命の短いO型、B型、およびA型である（88-89頁参照）。そのような星は粒子の強力な風で周囲のガスを吹き飛ばし、恒星風バブルを作る。

3 まだ若い星団
残ったガスが吹き飛ばされたあとは、星団を繋ぎ止める重力は緩くなる。逃げ出した星のいくつかは別の星団やガス雲の重力によって引っ張られてしまう。

4 古くなった星団
星団に残っていた星は動き回り、徐々にすべての星が逃げ出して、数億年のうちには宇宙空間に離散してしまう。

1 セファイド型変光星の脈動

星の内部のある層でヘリウム原子によってエネルギーの捕捉と放出が繰り返されることで明るさが脈動する星がある。これはヘリウム原子が交互に2つの異なる電離状態をとることによって起こる。

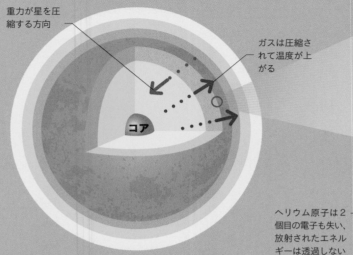

重力が星を圧縮する方向

ガスは圧縮されて温度が上がる

コア

2 ヘリウムは透明になる

ヘリウム原子が加熱されると2つの電子のうちの1つを失う。この状態のヘリウム原子のガスは透明で光が透過しやすい。

ヘリウム原子の層

ヘリウム原子が2個の電子のうち1個を失って正電荷を帯びた状態

電子

ヘリウム原子核

光は透過する

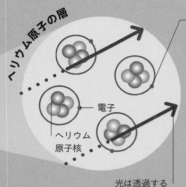

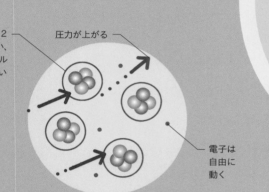

ヘリウム原子は2個目の電子も失い、放射されたエネルギーは透過しない

圧力が上がる

電子は自由に動く

変光星

規則的に明るさが変化する星を変光星という。明るさの変化の繰り返しは1秒の何分の1という時間から、年単位の時間まで幅がある。外因性の変光星では、その星の自転や、他の星や惑星がその星の前を通ることで見かけの明るさが変わる。また、セファイド変光星のように星自身の物理的な変化によって明るさの変わる内因性の変光星もある。

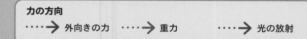

力の方向

┄┄→ 外向きの力　　┄┄→ 重力　　┄┄→ 光の放射

3 ヘリウムは不透明になる

ヘリウム原子が残った電子も失うとガスは不透明になる。コアからでたエネルギー、つまり光は自由になった電子に散乱されるからで、星の内部の圧力が上がって星は膨張する。

セファイド変光星

セファイド型の変光星には変光の周期（明るいときから暗くなって再び明るくなるまでの時間）とその明るさ（89頁参照）との間にある関係がある。セファイドが明るいほど、周期は長く、その周期を測れば明るさがわかる。見かけの明るさに対する周期を比較すれば、地球からその星までの距離を知ることが可能になる。

すべての恒星の**85%**は**多重星**の一部になっている

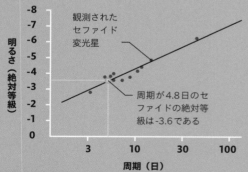

観測されたセファイド変光星

周期が4.8日のセファイドの絶対等級は-3.6である

明るさ（絶対等級）

周期（日）

周期と光度の関係

セファイドの周期がわかれば周期—光度関係の図を用いてその絶対等級（天体を32.6光年の距離から見たときの見かけの等級）がわかる。絶対等級と見かけの等級がわかれば、地球からの距離を計算できる。

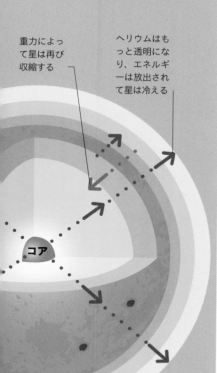

重力によっ
て星は再び
収縮する

ヘリウムはも
っと透明にな
り、エネルギ
ーは放出され
て星は冷える

コア

4　エネルギーが放出される
星が膨張するとヘリウムは冷却さ
れる。ヘリウム原子は電子1個の状態に
戻って、エネルギーは透過できる。星内
部の圧力は下がり、重力は再び内向きに
働いてガスを圧縮する。

**1つの連星系には
いくつぐらいの星がある？**

連星系として知られているのはカシ
オペヤ座AR星とさそり座ニュー星だ
け。6連星系はふたご座のカストル
をはじめとしていくつかある。

多重星と変光星

夜空に光る点はすべて太陽のような孤独な星に見えるか
もしれない。でも実は、星のおよそ半分は連星で、残り
の3分の2はさらに多数のグループになっている。また
明るさの変動する変光星は15万個以上もある。

連星

2つの星が共通の中心、すなわち重心を周回しているときにそ
の2つを連星という。2つのうちの明るい方を主星、他方を伴
星と呼ぶ。多重連星の場合は3つ、あるいはそれ以上の星が互
いの重力で複雑に周回しあっている。連星の中には互いに重力
の大きな影響を与えるには離れすぎているものもある。また近
すぎて相手から質量を引き込むものもあり、極端な場合にはブ
ラックホールになる（122-23頁参照）。

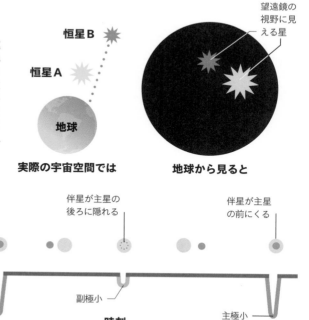

光学的二重星
ほんとうの連星のような運
動をしていなくて、単に地
球から見て視線上の近いと
ころにある星を光学的二重
星（見かけの二重星）と呼
ぶ。そうは見えなくてもそ
の2つの星は実際にはとて
も離れて遠いところにある。

恒星 B

恒星 A

地球

望遠鏡の
視野に見
える星

実際の宇宙空間では　　　**地球から見ると**

主星　伴星

伴星が主星の
後ろに隠れる

伴星が主星
の前にくる

明
る
さ

主極小　　　　　　　　　　　副極小　　　　　　　　　　主極小

時刻

食連星
互いを周回する公転軌道面が地球から見てほとんど同じ線上にあると、片方が他方の前を通
過するときに2つを合わせた明るさが低下する。このようにある天体がもう1つの天体に隠れ
ることを食と呼ぶが、食の繰り返しは1つの星が点滅しているような誤解を与えることもある。

星と星の間

星と星の間の空間にあるものを星間物質という。星間ガスや星間ダストなど、星の進化に重要な役割を果たすものが星間物質である。星間物質のなかには、温度や密度、電荷の違いで特徴づけられる特別な領域がある。

星間ガス

星間物質のおよそ99％はガスで、そのほとんどは水素である。平均すると1cm³の星間物質の中に原子は1個しかない（私たちが呼吸している地球の空気1cm³には3×10¹⁹個もの分子がある）。それでも広大な宇宙で見えるような雲になるには十分なのである。それらは中性水素（HⅠ）の低温の雲か、若い星の近くの電離した水素（HⅡ）の高温の雲である。2番目に多い元素はヘリウム、その他の元素も原子、あるいは分子の形でほんの少しずつ存在している。

低温の星間物質

星間物質の最低温度は−260℃にもなる

6 赤色巨星
年老いた中間質量の星は燃料を使い切って崩壊し、放出されたダストとガスは新しい雲となる。平均として星に引き込まれた物質の3分の1は星間空間に戻っていく。

赤色巨星

天の川銀河に見えている物質のおよそ**15％**は**星間物質**のガスとダスト

希薄な雲の中の高密度な部分では水素原子はすべて中性でHI領域と呼ばれ、温度は−170℃から730℃程度である

1 雲ができる
星間の雲は、終末を迎えた赤色巨星（110-11頁参照）から放出されたガスとダストの粒子からできる。希薄な雲はもっとも密度が小さく中性か電離（イオン化）した水素がおもである。

2 高密度な部分ができる
希薄な雲の中のダストやガスの粒子が互いの引力で集まることがある。

希薄な雲

HI領域

星間物質のなかには1万℃にもなるところがある

星間コロナガス

低密度の希薄なハロー、あるいは電離した高温のコロナガスに囲まれている銀河が多い

高温の星間物質

6 超新星
年老いた大質量の星は超巨星となり、やがて超新星（118-19頁参照）になる。その爆発によるデブリは星間物質の新しい材料となる。

恒星を周回する惑星

5 原始惑星系
新しい恒星ができるとダストは円盤状に集まってその星の周りを回り始め、やがてかたまりになって惑星となる。

陽子と電子のスピンは同じ方向

陽子

電子

電子のスピンは電磁波を出して反転し低いエネルギーの状態になる

低温の雲の観測
HI領域の中性の水素原子は電子の自転の方向（スピン）が反転したときに観測することができる。

陽子と電子のスピンが逆向きの方がわずかに低エネルギーなので、電子のスピンが反転するときに発生する波長21cmの電磁波を電波望遠鏡で観測することができる

星間ダスト
星間ダストの大部分は星から放出された微細な粒子である。ケイ酸塩（酸素とケイ素の化合物）、炭素、氷、鉄化合物を含む微粒子でできている。このような不規則な形の微粒子は直径が $0.01 \sim 0.1\,\mu\text{m}$ 程度が多く、周囲のガスよりも温度が高い。星間ダストは星間物質の全質量の1％程度である。

分子雲

原始星コア

③ かたまりができる
分子雲は希薄な雲よりはずっと小さく密度が高い。その中で、水素は分子になりダストとガスはくっついてかたまりになり、コアとなってやがて星になる。

青と赤の光を発している星

赤い光はダストによってあまり散乱されないので大部分が観測者に届く

星

星間にある雲

観測

星間赤化
波長が短い方がダストによる散乱を受けやすく、本来よりも赤い光が観測されることを星間赤化という。

波長が微粒子のサイズと同程度以下の青い光は赤い光よりも吸収、散乱されやすい

④ 恒星の形成
かたまりがあちらこちらで物質を十分に集め、星を形成するために必要な内部の圧力を得るまでに大きく成長する。

星ができる雲はHII領域と呼ばれて、星の熱によって雲の水素の大部分は電離し、電子は光を発して雲を輝かせる

希ガスの化合物
希ガスと呼ばれる気体は別の元素とは化合しないと考えられていた。しかし、星間物質の極端な条件のもとでは不可能と思われることも起こる。水素と結合したヘリウムが発見されているし、アルゴンと水素が化合してアルゴニウムとなる可能性もある。

HII領域

新しい恒星

星間物質の循環
星間物質から形成され、進化を終えた恒星は、最後に残った物質や、星の内部や爆発でできた元素とともに再び星間物質となって循環する。

星と星の間の空間は真空？
場所によっては、星間物質は超高真空といえる。星間コロナガスの密度は地球上の実験室で実現できる真空よりははるかに小さいが、実は宇宙空間のどこにも完全な真空は存在しない。

アルゴン原子1個と水素1個から星間物質中でアルゴニウムができる

アルゴンの原子核

水素の原子核、つまり陽子

太陽系外惑星

惑星を従えた星というのは私たちの太陽だけではない。最初に太陽系外惑星が発見された1995年以来、4,000個を超える太陽系外惑星が見つかっている。系外惑星探索のミッションはさらに続いているのでその数は常に増え続けている。

惑星の形成

惑星はどのようにしてできるのか。これにはトップダウン説とボトムアップ説の2つの理論がある。ボトムアップ説であるコア集積理論は、若い恒星の周りのガスとダストの円盤中の大きなデブリが衝突を繰り返す中で惑星がゆっくりできるというものである。トップダウン説である円盤不安定性理論によれば、若い星の周りの円盤の中でガスの大きなかたまりができた結果として巨大惑星ができるという。

初めて発見された太陽系外惑星はペガスス座51番星を周回する 51 Pegasi b である

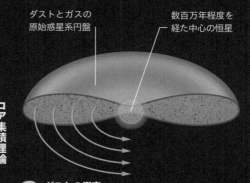

ダストとガスの原始惑星系円盤

数百万年程度を経た中心の恒星

コア集積理論

1 ダストの衝突
原始惑星系円盤のなかで渦を巻くダスト粒子が衝突を繰り返し、かたまりは徐々に大きくなる。この過程で微惑星と呼ばれる小さい惑星ができる。

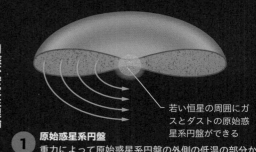

円盤不安定性理論

若い恒星の周囲にガスとダストの原始惑星系円盤ができる

1 原始惑星系円盤
重力によって原始惑星系円盤の外側の低温の部分からガスのかたまりが引っ張られる。

いろいろな系外惑星

太陽系外惑星は、太陽系の惑星、特に地球と比較していくつかのカテゴリに分類される。あるカテゴリでは、スーパーアースやメガアースなど、惑星の質量で分類する。小さな系外惑星のなかには水があって海洋惑星と呼ばれるものもある。恒星のどれほど近くを周回しているかというカテゴリもある。ホットジュピター（灼熱巨大惑星）やホットネプチューン（灼熱海王星）は恒星の近くを高速で周回する巨大ガス惑星である。かじき座の恒星 TOI 700 に2020年に発見された TOI 700 d という惑星は、系外の地球と呼ばれて、生命生存の可能性について大きな関心を集めている。

ホットジュピター
木星と同じような質量をもつ巨大ガス惑星であるが、軌道が中心星にずっと近くてはるかに高温である。

クトニア惑星
これは巨大ガス惑星の軌道が中心星に近すぎて、大気が蒸発してしまって残った固体のコアである。候補はあるが、確定した天体は見つかっていない。

メガアース
地球の少なくとも10倍の質量の岩石惑星を意味する「メガアース」の語は2014年にケプラー10cに対してはじめて使われた。

スーパーアース
質量は地球の10倍程度までである。大気中に水のあるスーパーアース（巨大地球型惑星）は2019年に初めて見つかった。

海洋惑星
表面の水、あるいは地下の海のある地球型惑星で、2012年に発見された GJ1214 b が海洋惑星の候補と考えられている。

エクソアース
大きさや質量がほぼ地球ぐらいで、中心星の生存可能圏に位置する惑星、つまり太陽系以外にある地球を意味する。

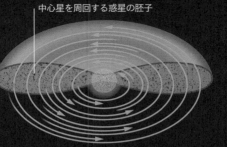

2 惑星の胚子
微惑星が成長し、惑星の胚子になって恒星の周りを周回し始める。

中心星を周回する惑星の胚子

3 岩石惑星の形成
恒星に近いところでは重い金属元素が凝集し、激しい衝突で岩石惑星ができる。

岩石惑星ができはじめる

4 巨大ガス惑星の形成
恒星から遠いところは低温なので水素やヘリウムが凝集し巨大ガス惑星ができる。

惑星の中には軌道上で不安定になってさまよい出すものもある

ガスを集積するガス惑星

---

2 ガスの分離
巨大ガス惑星を形成できるほどのガスを含むかたまりが急速に冷えて収縮し高密度になる。

ガスのかたまりができる

3 コアの形成
大きなガスのかたまりの重力にダスト粒子が引っ張られて中央に落ち込み、巨大惑星のコアになる。

巨大ガス惑星のコアができる

ガスのかたまりに一掃された部分

4 惑星による一掃
新しい惑星が、円盤のガスとダストをかき集めて成長しながら、幅広い間隙を作る。

惑星が掃いて作った広い間隙

系外惑星の探索

系外惑星はその中心にある恒星よりも小さく、また惑星自身は発光していないので中心星の光に隠れることも多い。直接法で写真に撮影されたものはわずかな巨大系外惑星だけである。多くはトランジット法や、視線速度法と呼ばれる間接的な技術で探索されている。重力マイクロレンズ法という方法は、惑星を伴う恒星が遠方の恒星の前を横切るときの重力レンズ効果（148頁参照）を利用する。惑星が存在すると重力レンズ効果による光度の増強効果が非対称になるが、この方法で発見されたものはまだ100個以下である。

視線速度法
大きな惑星が恒星を周回していると、その引力によって恒星は小さな円を描き、その光は色を変える。ドップラー法とも呼ばれる。

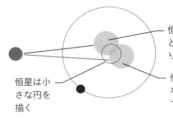

恒星が地球に近づくと光の波長が短くなり青みを帯びる

恒星は小さな円を描く

恒星が地球から遠くなると、波長は延びて赤みを帯びる

視線速度法

トランジット法
惑星がその中心星の前を通過するとき、惑星を直接見ることができなくても、恒星はわずかに減光する。この食現象による減光を観測するのがトランジット法である。

中心星の明るさ

惑星が食を起こすことで中心星の明るさは観測可能なほど低下する

惑星の通過中は中心星の明るさが低下する

トランジット法

凡例
● 地球 　 ● 惑星を持つと期待される恒星 　 ● 系外惑星

もう1つの地球を探して

1995年に最初の太陽系外惑星を発見して以来、天文学者たちは地球に似た系外惑星を探し続けている。探索するところは恒星の周りのハビタブルゾーン、すなわち生存可能圏と呼ばれるところで、そこでは種々の条件が生命に適すると考えられている。これまでに50以上の系外惑星がハビタブルゾーンに見つかっている。

ゴルディロックスゾーン

水は生命に欠かせない。したがって恒星の周りで生命の生存可能な領域は表面に液体の水を維持できる温度範囲になければならない。この領域はゴルディロックスゾーンと呼ばれることもある。熱過ぎず、冷た過ぎず、童話の主人公ゴルディロックスの好むお粥のような温度のところ。惑星の温度が高過ぎれば、水は沸騰して逃げ去り、低過ぎれば凍ってしまう。中心の恒星が大きくて高温の場合には、小さくて低温の場合よりもハビタブルゾーンはずっと遠いところになる。

系外惑星が2つ以上の恒星の周りを周回することがある？

惑星を伴う二重連星がすでに200以上も見つかっている。ケプラー64は4重連星であり、そのうちの2つを1つの惑星が周回している。

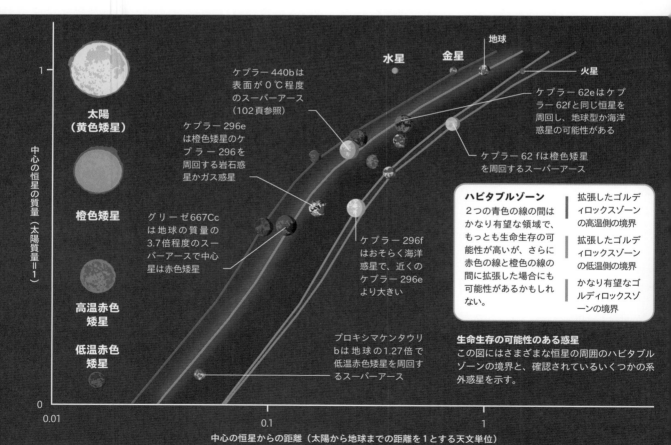

太陽（黄色矮星）

橙色矮星

高温赤色矮星

低温赤色矮星

ケプラー440bは表面が0℃程度のスーパーアース（102頁参照）

ケプラー296eは橙色矮星のケプラー296を周回する岩石惑星かガス惑星

グリーゼ667Ccは地球の質量の3.7倍程度のスーパーアースで中心星は赤色矮星

ケプラー296fはおそらく海洋惑星で、近くのケプラー296eより大きい

プロキシマケンタウリbは地球の1.27倍で低温赤色矮星を周回するスーパーアース

水星　金星　地球　火星

ケプラー62eはケプラー62fと同じ恒星を周回し、地球型か海洋惑星の可能性がある

ケプラー62fは橙色矮星を周回するスーパーアース

ハビタブルゾーン
2つの青色の線の間はかなり有望な領域で、もっとも生命生存の可能性が高いが、さらに赤色の線と橙色の線の間に拡張した場合にも可能性があるかもしれない。

拡張したゴルディロックスゾーンの高温側の境界

拡張したゴルディロックスゾーンの低温側の境界

かなり有望なゴルディロックスゾーンの境界

生命生存の可能性のある惑星
この図にはさまざまな恒星の周囲のハビタブルゾーンの境界と、確認されているいくつかの系外惑星を示す。

中心の恒星の質量（太陽質量＝1）

中心の恒星からの距離（太陽から地球までの距離を1とする天文単位）

生命の生存可能性の条件はなにか？

生命の生存可能な惑星を探すために、まず地球のような岩石惑星に注目する。可能と思われる系外惑星が見つかったら、本当に候補となるかどうか、たとえば表面の温度や液体の水の存在などの別の要件を調べる。2,600 個以上の系外惑星を発見したケプラー宇宙望遠鏡（186-87 頁参照）の後を引き継いで、2018 年に打ち上げられた NASA のトランジット系外惑星探索衛星（TESS）はハビタブルゾーンの中の惑星を精査している。

温度
水が液体であるために温度はほどほどでなければならない。低すぎれば生命を維持するための化学反応も遅くなってしまうだろう。

表面の水
惑星の表面に液体の水があることは生命にとって望ましいが、地下水であっても生命維持は可能だと考えられる。

安定した太陽
岩石惑星上で生命が進化するためにはもっとも近くの恒星が安定して存在し、太陽として輝き続けていなければならない。

元素
炭素、酸素、窒素を含む生命の構成要素である元素が存在しなければならない。

自転と自転軸の傾き
傾いた軸の周りを自転することで極端な温度になることが防げる。惑星が自転しない場合は恒星に向いた側の温度が上がりすぎることもある。

融けたコア
融けたコアは磁場を発生するので宇宙からやってくる有害な放射線を遮蔽することができる。

大気
大気があれば、熱を逃さず、危険な放射線から守り、気体が散逸するのを防ぐことができる。

十分な質量
惑星に十分な質量がなければ、水や大気をつなぎとめておくための重力が不足するだろう。

赤い領域では暴走温室効果によって惑星表面の水が失われる

緑の領域はハビタブルゾーン

高温の中心星

恒星が安定していればハビタブルゾーンも変化しない

太陽のような中心星

青い領域では表面の液体の水は凍結してしまう

低温の中心星

ハビタブルゾーンの変化
ある恒星において、温度が高すぎる領域や低すぎる領域と比べたハビタブルゾーン（緑色の領域）の位置は、その恒星の明るさと大きさに依存する。ハビタブルゾーンの境界は恒星の年齢とともに変化し、特に恒星の終末に近づくと大きく影響を受ける。

ケプラー 90 惑星系には私たちの太陽系と同じく 8 個の惑星がある

もっとも地球に似た惑星

NASA はケプラー宇宙望遠鏡による数千個のデータを解析し、地球から 300 光年離れた系外惑星ケプラー 1649c について「大きさや予想される温度がもっとも地球に似ていると判明した」と 2020 年 4 月に発表した。

地球

ケプラー 1649 c

4つの要素
生命の実現には水、エネルギー、有機化合物、そして時間の4つの要素が必要であると考えられている。これらがなければ、どんな環境でも生命は存在しえないだろう。

化学反応
地球上のほとんどすべての生命活動は化学反応であり、その大部分には物質を分解して運んだり、支障なく相互作用をしたりするための液体が必要である。その目的にもっとも適していて豊富にある液体が水である。

エネルギーの流入
エネルギーなしでは生命は存続しない。地球では太陽がエネルギー源である。しかし太古の地球では火山の噴火が雷を誘発し生命のきっかけとなったのかもしれない。

フラスコでは有機分子が合成される

塩化ナトリウム

1 塩の溶解
塩化ナトリウム（食塩）を水に溶かすと、水の分子は塩化ナトリウムの結合を壊してナトリウムと塩素のイオンに分ける。

食塩の結晶は正のナトリウムイオンと負の塩素イオンでできている

塩素イオン
水の分子は水素原子2個と酸素原子1個

ナトリウムイオン

2 溶液ができる
結合が引き離されると、ナトリウムと塩素のイオンは水分子に囲まれて水溶液となる。

沸騰している水とメタンとアンモニアと水素

放電

集められた分子

ミラーとユーリーの実験
1953年、十分なエネルギーを与えれば、簡単な無機材料から複雑な有機化合物ができることを証明するために雷を模した実験が行われた。

時間
十分な時間
単細胞の生物から複雑な生命までの旅には何十億年という時間が必要である。

2016年にロゼッタ探査機（195頁参照）の彗星でのデータからアミノ酸グリシンが検出された

水素
酸素
窒素　　炭素

グリシン

炭素を基本とする化合物
有機化合物は地球の生命の基本であるけれども、アミノ酸を含むこれらの分子は宇宙のどこにでも大量に存在する。星雲の中にも大量に観測されているし、地上に落下した隕石にも見つかっている。

1 無機材料
地球と同じように惑星の大気のいろいろな気体の混合物には生命の基本的な元素である炭素、水素、酸素、窒素がありうる。

2 簡単な有機分子
十分なエネルギーを得ると炭素や水素、その他の元素の原子は結合してアミノ酸のような生命に必要な有機分子（炭素化合物）になる。

地球上の生命は40億年前までさかのぼれる

宇宙に生命は存在するか

生命は地球だけのものかもしれない。しかし多くの科学者はそんなことはないと考えている。宇宙はとても広大なので地球上に生命を創造したような条件がどこか他のところにも存在する可能性はあるだろうと。

生命の原材料

宇宙における生命を探索している宇宙生物学者たちは、生命の始まりには4つの要素が必要だと考えている。水、有機分子、エネルギー、そして時間。水は、生物が食べる栄養素を分解し、細胞内の生命物質を輸送し、不要物を除去するなど、生命には不可欠である。適切な化学物質も生命維持には必要である。炭素がその筆頭で、炭素は炭素、あるいは他の元素と結合して、タンパク質や炭水化物などの生命に必須の複雑な分子になる。

土星の衛星エンケラドゥス

極限環境に適応する微生物の発見以来、宇宙生物学者たちは生命の兆候の探索を、土星の衛星エンケラドゥスのような太陽系の中のもっと極端な環境にも拡大した。2011年にはカッシーニ探査機によって、塩、メタン、有機化合物を含む水蒸気が、地下の海から氷の表面に噴出していることを確認した。

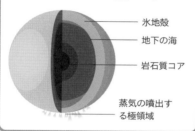

氷地殻
地下の海
岩石質コア

蒸気の噴出する極領域

活動状態
活動状態にあるクマムシは食べ、成長し、動き、戦い、そして繁殖する

無酸素の休眠状態
もし環境内の水に酸素がなくなるとクマムシは喘ぎながら膨らむ

内側のクチクラ　　外側の殻
包嚢形成
厳しい環境に適応するために硬い外殻を作ってクチクラの中に引きこもってしまう

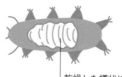

乾燥した樽状になる
乾眠状態
極端な乾燥状態になると、乾いた樽のようにゆっくりとしなびて特別なタンパク質を消費しながら生き延びる

極限環境微生物

地球上では、深海底の熱水噴出孔付近の沸騰水のような過酷な条件のもとでも微生物が見つかっている。このような極端な条件でも生息する生物、すなわち極限環境微生物がいるということは生命が生息できる環境の範囲がとても広いことを意味している。クマムシと呼ばれる緩歩動物は水生の微生物であるが、左図のように環境に応じて状態を変える。中でも乾眠状態では代謝を停止してしなびてしまう。この状態ならば、宇宙空間の厳しい条件下でもクマムシは生き残ることができるかもしれない。

恒星の一生

ほとんどの星は何も変化しないように見える。しかし恒星は誕生から長い時間をかけて年老いてやがて終末を迎える。天の川銀河やさらに遠方の星を調べることによって、恒星の一生、すなわち星の進化のあらゆる状態の例を見ることができる。

主系列を経た星の最期

主系列に入った新しい星はコアでの核融合によって絶えず水素をヘリウムに変換する。これは、核融合による外向きの力と内向きの重力のバランスを取りながら何十億年も続く。コアの水素をすべて使ってしまうと、その星は終末期に入る。そのあとどうなるかは星の質量による。小質量の星は収縮し黒色矮星に、中間質量の星は赤色巨星まで膨張して崩壊し白色矮星に、大質量の星は超巨星になって超新星爆発を起こす。

600万℃、
この温度で恒星のコアで核融合が始まる

ある星が主系列で過ごす時間は？

恒星はその生涯の約90%を水素からヘリウムへの核融合をしながら主系列で過ごす。太陽は約100億年、太陽質量の10倍の星は数千万年、10分の1の星は1,000億年を超える。

赤色矮星はとても質量が小さく、主系列の中では最小で最低温度の星である

1 小質量の星
星の質量が小さいほど、主系列で長い期間を過ごして終末期を迎える。

主系列の恒星

中間質量の星はコアの水素を既にかなり使い果たしている

主系列星
恒星で水素の核融合が始まり、輝き始めたら主系列に入る。その後の生涯は初期の質量によって3つに分岐する。

1 中間質量の星
太陽のような星はゆっくりと燃えて、コアの水素を使い果たすまでに100億年ほどかかる。

1 大質量の星
最大級の質量の星は明るく、かつ急速に燃えて2,000万年程度で尽きてしまう。

宇宙の年齢より古い？

メトシェラ星と呼ばれるHD140283は宇宙でもっとも古いと分かっている星の1つである。2000年に研究者はその年齢を160億年と算出したが、宇宙は138億年しか経っていないのでこれはあり得ない。2019年には、8億年の誤差の幅を伴って145億年と計算しなおされた。正確な年齢がいくつであれ、とても高齢の星であることは確かである。

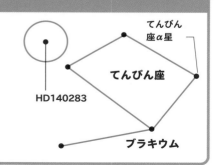

HD140283 / てんびん座α星 / てんびん座 / ブラキウム

内向きの重力が外向きの圧力よりも大きくなると、恒星は収縮を始める

小さく暗い星の光はやがて消えてしまう

小質量の星は800億年ほど経てば崩壊して黒色矮星という最終状態になるだろうと考えられている

2　核融合の停止
星のコアの水素がすべて消費されると、星の大気中の水素をヘリウムに変換し崩壊が始まる。

3　星の収縮
ヘリウムを燃やすために十分なコアの発熱ができなくなると、星の冷却が始まり質量の減少が続く。

4　褐色矮星
重力による星の収縮が続き、初めの大きさの何分の1かになってしまう。星は暗くなり赤外線だけを発する。

5　黒色矮星
これは小質量の星の終焉として考えられているが、十分に冷えて黒色矮星になるだけの時間が経過した星はまだない。

水素の核融合がコアの外の殻の部分で始まる

ヘリウムがコアにたまって膨張する

惑星状星雲は華々しく輝くことが多いが、比較的短命である

白色矮星の温度は10万Kを超えることもある

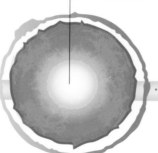

2　準巨星
この段階の星はコアのヘリウムを燃やして膨張し、コアの外の殻は水素の核融合をできるほどの高温になる。

3　赤色巨星
この段階の星は、殻の水素核融合でできたヘリウムをコアに供給するので劇的に膨張する。

4　惑星状星雲
星は徐々に殻のガスを放出して広がって輝く雲ができ惑星状星雲と呼ばれる。

5　白色矮星
惑星状星雲の雲が消散し年老いたコアだけが残って明るい白色矮星となる。

超新星は宇宙のどこからでも見える

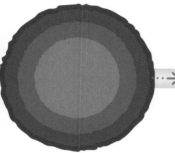

残った質量が太陽質量の1.4倍から3倍であれば、残骸は崩壊して中性子星になる

残った質量が太陽質量の3倍以上であればブラックホールができる

2　超巨星
超巨星と極超巨星は宇宙でもっとも大きい星である。

3　超新星
超巨星が燃料を使い切ると、超新星となって重力で崩壊し爆発する。

4　崩壊する星
残った質量によって、残骸は崩壊後に中性子星かブラックホールかどちらかになる。

赤色巨星

小質量および中間質量の星がコアの水素を使い果たしたとき、星は主系列における長く安定した生涯の終焉に近づいている。星は急激に最終状態である赤色巨星へと膨張し、大きく明るく、しかし冷たい赤色に輝く。

赤色巨星の生涯

小質量および中間質量の太陽のような星は生涯の90％をHR図（88-89頁参照）の主系列で過ごす。しかし徐々にコアの水素を使い切り、収縮して周囲の水素の殻で核融合が開始できる温度まで熱くなる。それによって大きく膨張して直径およそ1億から10億kmの赤色巨星になる。これは現在の太陽の100から1,000倍の大きさである。

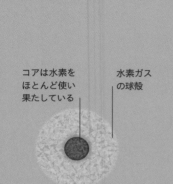

コアは水素を
ほとんど使い
果たしている

水素ガス
の球殻

1 燃料の切れたコア
この段階で星のコアは燃料である水素をほとんど使い尽くしている。コアの外側の層に水素があるが核融合を始められるほど高温ではない。コアは収縮を始めて徐々に温度と密度が高くなる。

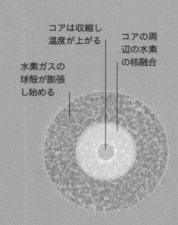

コアは収縮し
温度が上がる

コアの周辺の水素
の核融合

水素ガスの
球殻が膨張
し始める

2 球殻の燃焼開始
収縮するコアの外側の層で水素の温度が上がり、球殻で水素からヘリウムへの核融合が始まる。この燃焼の熱によって星は急激に膨張する。

温度が上がると球殻の水素の核融合は盛んになる

エネルギーの放出が増えて明るさが増す

放射の圧力の増加で星はさらに膨張する

3 より大きく、さらに明るく
中間質量の星は急激に赤色巨星になる。コアを取りまく球殻の水素の核融合によってコアにヘリウムが注がれてさらに膨張する。エネルギー生産量が増加し星はさらに明るく輝く。

太陽が赤色巨星になったら

50億年ほどのうちに太陽は水素を使い尽くし、ヘリウム核融合に移行して赤色巨星になる。太陽が膨張すると、その外側の層は水星とおそらく金星を、ことによると地球も飲み込んでしまうかもしれない。

赤色巨星となったときの太陽の大きさ

太陽

金星もおそらく取り込まれる

現在の太陽の大きさ

水星は完全に焼き尽くされる

赤色巨星はなぜ赤い？

恒星の色は表面の温度によっていて、典型的な赤色巨星は約5,000℃である。この温度の物体が発する光のスペクトルは橙色から赤色の部分が一番強い。

ヘリウム4の原子核（α粒子）

ベリリウム8の原子核生成

ガンマ線放出

ガンマ線放出

酸素16の原子核生成

ヘリウム4の原子核2個がベリリウム8に融合する反応は逆行が可能

核反応

3つ目のヘリウム4原子核

核反応

炭素12の原子核生成

核反応

ヘリウム4原子核

ヘリウム4の原子核

1 最初の核融合
2つのヘリウム4の原子核が融合し、ベリリウム8の原子核になるが、ベリリウム8は不安定でごく短時間で2つのヘリウム4の原子核に崩壊する。

2 炭素の生成
ベリリウム8がヘリウム4に崩壊しないうちに別のヘリウム4に衝突すると（つまり3個のヘリウム4がほぼ同時に衝突すると）、炭素12を生成し余分のエネルギーをガンマ線として放出する。

3 酸素の生成
炭素12の原子核は別のヘリウム4原子核と融合して酸素16の原子核になる。この核反応もガンマ線を放出する。

ヘリウムの核融合（またはトリプルアルファ反応）

コアは高密度、高温になってヘリウム核融合が始まる

球殻の水素核融合が止まって、星は収縮し減光する。コアの圧力で殻が膨張する

星が収縮して外側の表面温度が上がる

球殻でヘリウムの核融合が始まる

球殻の水素核融合が新たに始まる

炭素のコア

星の膨張につれて光度が増加

4 ヘリウムフラッシュ
上の図のようにヘリウムの核融合が大量のエネルギー放出をともなって突然始まる現象をヘリウムフラッシュという。コアの圧力が水素の球殻を押し広げて、エネルギーの外への放出を抑える。それによって星は収縮し暗くなる。

5 最終段階
コアのヘリウムがすべて使われると、コアの外の2つの殻で水素とヘリウムの核融合が継続する。水素の殻で生成されたヘリウムがヘリウム殻の燃料となる。両方の殻の温度が上がり星を輝かせ膨張させる。

温度と光度の変化

小質量、あるいは中間質量の星が主系列から離れると、HR図の中でジグザグの経路をたどる。図の中での方向転換は星の生涯での時期の違いによる温度と光度の変化を反映している。赤色巨星分枝（RGB）、ヘリウムフラッシュ（HF）で始まる水平分枝（HB）、最終的な漸近巨星分枝（AGB）という3つの典型的な状態を経て星は炭素と酸素のコアだけになる。

HR図におけるジグザグ経路

太陽に近い質量の恒星のジグザグ経路は、膨張し明るくなっても最初は温度が下がり、それから最終的な温度低下の前に温度が上がることを示している。

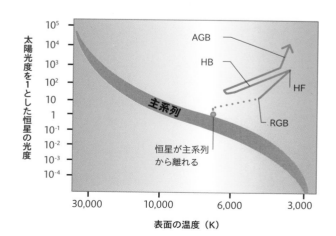

太陽光度を1とした恒星の光度

10^5
10^4
10^3
10^2
10
1
10^{-1}
10^{-2}
10^{-3}
10^{-4}

AGB

HB

主系列

HF

RGB

恒星が主系列から離れる

30,000　10,000　6,000　3,000

表面の温度（K）

惑星状星雲

大質量の恒星は爆発し、小質量の恒星は消えていく。しかし中間質量の星は惑星状星雲になって徐々に暗くなり、あとに白色矮星を残す。惑星状星雲は宇宙でもことのほか色彩豊かなものの1つである。

衝撃波に耐える高密度の部分にノット（かたまり）ができる

紫外線が殻を電離して輝き始める

エンベロープに見られるガス状の触手

3 薄い殻ができる

衝撃波は水素と相互作用して殻にまとめる。高温のガスが広がりながら低温のガスに侵入するとエンベロープの中にガス状の触手ができる。明るい中央の星からの紫外光が殻を電離しさらに輝かせる。

コアからの紫外線

星の最期

赤色巨星（110-11頁参照）は生涯の最終段階で、超高速で膨張するので外側の層のガスは重力を振り切って逃げる。このガスは星のコアの圧力で押し出されることもある。

高速の風がゆっくり動くエンベロープを捕らえる

10万℃を超えてコアが剥き出しになった白色矮星

ヘリウム燃焼殻

水素燃焼殻

赤色巨星から放出される水素のエンベロープ

2 エネルギーの放射

恒星のコアはさらに収縮し明るい白色矮星となる。コアから強力な紫外線が外へ向かって放射され、先に放出した水素を熱する。高速の恒星風は水素のエンベロープを捕らえて衝撃波となる。

炭素のコアは内向きに崩壊する

惑星状星雲のでき方

惑星状星雲は絶えずゆっくりと変化する。まず、赤色巨星の燃え尽きたコアの周りの層が高速の風で飛ばされる。それから剥き出しになった高温のコアがおもに紫外線を放出する。この大量の紫外線によってガスが電離し、ガスの種類によって異なる波長の可視光を放射して惑星状星雲として見えている。惑星状星雲という名前ではあるけれども惑星とは関係がなく、18世紀の天文学者が惑星とよく似た円盤状の形を発見して名づけたものである。

水素燃焼殻の層は高速の風となって外向きに吹き出す

1 球殻が吹き飛ばされる

年老いた赤色巨星のコアは崩壊し、燃え尽きた水素の球殻を放出する。恒星風は時速7万kmもの速さであらゆる方向に殻を飛ばす。

惑星状星雲の形状

惑星状星雲にはさまざまな形があるけれども、大部分は球状、楕円状、双極状の3つに分類できる。異なる方向から見れば異なる形に見えるという投影効果もそのような多様性の原因である。しかし、中央の星に伴星や惑星があったり、磁場があったりして、星雲の形状に影響を与えているのかもしれない。

星雲の2つの極が
チョウの羽の形

膨張するガスが
漏斗の形になる

同心環状の
独特の形

高速度ガス
のジェット

ガスがゆっくり動
く物質に当たって
できた弧状の波

バタフライ星雲（双極状）

これはチョウの羽のような形の2つの丸い部分をもつ双極状惑星状星雲である。このような形になるのは中心の星が連星系で、その片方のみが生き残ったものと考えられている。

キャッツアイ星雲（楕円状）

美しいキャッツアイ星雲の明るく輝く中心部分は驚くほど複雑で、周囲はおよそ1,500年ごとに星から放出される物質によってできた環状のハローに取り巻かれている。

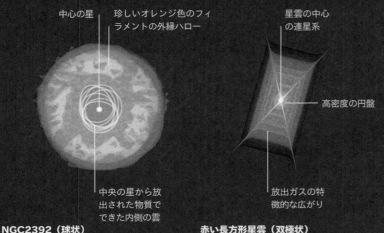

中心の星

珍しいオレンジ色のフィ
ラメントの外縁ハロー

星雲の中心
の連星系

高密度の円盤

中央の星から放
出された物質で
できた内側の雲

放出ガスの特
徴的な広がり

NGC2392（球状）

毛皮の帽子をかぶった人の顔を思わせる形で、中央部分は放出された物質によってできている。

赤い長方形星雲（双極状）

このような形の星雲ができた理由はまだわかっていない。連星系から放出されるガスが厚いダストの環に当たって衝撃波を発しているという考え方もある。

惑星状星雲はどのぐらい続く？

惑星状星雲の段階は数万年で、数十億年という恒星の一生に比べると極めて短い。

化学組成

惑星状星雲の化学的な性質はスペクトルの解析（26-27頁参照）で明らかになっている。Hα（水素アルファ）と呼ばれる強い赤色の輝線は水素の電子が励起準位から元の準位へ遷移するときに放射される。この線で惑星状星雲は赤く見えることが多い。強い緑色の線は惑星状星雲の低密度の環境で生成された酸素イオンによるものである。

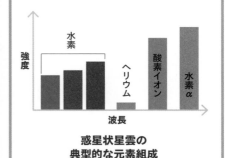

強度

波長

水素

ヘリウム

酸素イオン

水素α

**惑星状星雲の
典型的な元素組成**

**50億年後には太陽
は弱々しい惑星状星
雲になるだろう**

中心核の表面には
高温部分と低温部
分が混ざっている

高密度の電子によ
る外向きの圧力

この領域では大気へ
の放熱とともに急速
に温度が下がる

電子の縮退圧で支えられた炭素と酸素の中心核

重力による内
向きの圧力

電子縮退のない層

外側の殻

力の均衡

縮退電子（下を参照）による圧力と重力はつ
り合っていて、それ以上星が崩壊することを
防いでいる。しかし縮退電子による圧力は、白
色矮星の質量が太陽質量の1.4倍よりも小さく
なければ安定に保つには十分ではない。

白色矮星の構造

赤色巨星（110-11頁参照）が残った燃料を使い果たすと、
外側の球殻は惑星状星雲となって放出され、白色矮星となっ
た小さな熱いコアだけが残る。この残骸はゆっくりと冷えて
消えてしまう。白色矮星の大気の大部分は水素かヘリウムで
ある。内部のほとんどは炭素といくらかの酸素で、白色矮星
が冷えるに従って結晶化すると考えられている。炭素の結晶
化したものはダイヤモンドなので、白色矮星は地球ほどの大
きさのダイヤモンドとたとえられるかもしれない。

白色矮星

宇宙誕生直後にできた太陽ほどの大きさの星
は白色矮星として生涯を終わる。白色矮星は、
太陽ほどの質量であるが、せいぜい地球ほど
の大きさしかない。

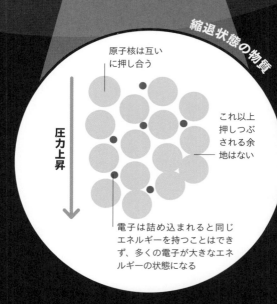

縮退状態の物質

原子核は互い
に押し合う

これ以上
押しつぶ
される余
地はない

圧力上昇

電子は詰め込まれると同じ
エネルギーを持つことはでき
ず、多くの電子が大きなエネ
ルギーの状態になる

電子の縮退圧

核融合が止まると外向きに働く力がないので、重力によって電子と原子
核は原子の状態よりもずっと密に押し込まれる。しかし高密度の電子は
量子力学的な理由で、エネルギーの大きな状態である縮退状態となり、
縮退圧とよばれるこの電子の圧力が重力に対抗して星はつぶれない。

殻の厚さは50kmほどしかないと考えられている

ほぼ純粋な水素かヘリウムの大気

白色矮星を発見したのはだれ？

1862年に望遠鏡製作者のアルヴァン・クラークが新しい望遠鏡のテストをしていてシリウスの伴星を発見した。シリウスの軌道のふらつきの観測から不可視な伴星があると予想されていたが、このシリウスBが初めて発見された白色矮星だった。

白色矮星と惑星の破壊

2014年、ケプラー宇宙望遠鏡（187頁参照）のK2ミッションの観測結果を解析していた科学者たちは白色矮星が自身の惑星系を破壊する過程が観測されたと考えている。白色矮星の強力な重力によって惑星の一部をその軌道から引き離し、デブリ円盤にしてしまった。惑星が白色矮星の強力な重力を受け始めてから120日間のコンピュータシミュレーションの過程は右のようになった。

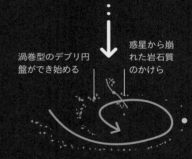

白色矮星の惑星

白色矮星

1　1日経過
地球サイズの白色矮星の重力が周回している惑星の物質を引っ張る。青い線は惑星から引っ張られた岩石のかけらの流れを示す。

渦巻型のデブリ円盤ができ始める

惑星から崩れた岩石質のかけら

2　16日経過
惑星の外縁部から多くの岩石が引っ張り出されてどんどん速く周回する。星の周囲にデブリ円盤の形成が見える。

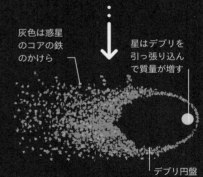

灰色は惑星のコアの鉄のかけら

星はデブリを引っ張り込んで質量が増す

デブリ円盤

3　120日経過
惑星は完全に破壊され、デブリ円盤の内側の部分は完全に岩石質で、コアの鉄はばらまかれてしまった。この星は破壊した惑星の物質を取り込んで質量が増加した。

チャンドラセカール限界

インド出身のアメリカの天体物理学者スブラマニアン・チャンドラセカールは白色矮星の質量には、星がその縮退圧によって安定に支えられる限界があることを発見した。太陽質量のおよそ1.4倍という限界を超えると、白色矮星は崩壊し、超新星となって爆発し、あとに中性子星かブラックホールを残す。

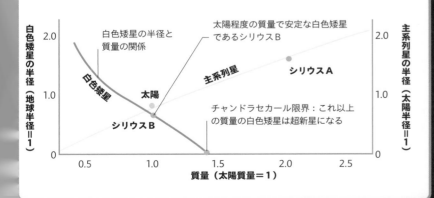

白色矮星の半径と質量の関係

太陽程度の質量で安定な白色矮星であるシリウスB

チャンドラセカール限界：これ以上の質量の白色矮星は超新星になる

白色矮星の半径（地球半径＝1）

主系列星の半径（太陽半径＝1）

質量（太陽質量＝1）

白色矮星　主系列星　太陽　シリウスA　シリウスB

青色超巨星

リゲルAのような青色超巨星は太陽よりかなり大きいが、赤色超巨星よりはずっと小さい。これらは主系列から外れた直後であり、極端に明るい。

赤色巨星

アルデバランはおうし座でもっとも明るく、半径は太陽の約44倍もある。地球からは65光年、夜空では14番目に明るい。

青色極超巨星

ピストル星は天の川銀河でもっとも明るい星の一つ、太陽光度のおよそ160万倍の明るさ、半径はおよそ300倍である。青色極超巨星に分類されていて、高光度青色変光星であるとも考えられているが、大質量の星の生涯についてはまだ十分にわかっていない。

アルデバラン

多くの超巨星は青色で始まり、どんどん冷えながら黄色を経て赤色になる

リゲルA

ピストル星

アンタレスの大気

アンタレスの半径は太陽の700倍ほどの大きさであるが、2020年に発表されたALMA望遠鏡の成果によれば、その大気の彩層は星の半径の約2.5倍、恒星風の流れ出すエリアを含めると12倍ほども遠くまで広がっている。

光球　下部彩層　上部彩層　恒星風の流れ出すエリア

大気の層

アンタレス

超巨星

超巨星は極めて質量が大きく、燃料の水素を使い果たして生涯の最終段階に入った星である。進化のこの時期には星はとんでもなく大きくなっている。

超巨星の一生

赤色巨星と同じように、超巨星も水素を使い果たすと、ヘリウム、そしてさらにもっと重い元素の核融合を始める。これらの元素の核融合を進めながら、星は膨張して超巨星になる。超巨星は赤色巨星ほど長寿命ではない。大きな星ほど寿命は短い。超巨星は超新星（118-19頁参照）として爆発し華々しく生涯を終える。

大きさ比べ

太陽（右頁の黄色矮星）の半径と比較した恒星の大きさ。青い巨星は赤い巨星より小さく、青い超巨星は赤い超巨星より小さいが、表面温度が高いので同じように明るく輝いている。

ピストル星は太陽が1年間に放出するエネルギーと同じ量のエネルギーを20秒間で放出している

ピストル星のような星は珍しく、明るさが急激に変化することがある

赤色超巨星
アンタレスの半径は太陽半径の680倍とみられていたが最近の観測によればもっと大きいのかもしれない。

ポルックスの半径は太陽の約9倍

ベラトリックスの光度は太陽の約9,000倍

太陽はG型のスペクトルを示す主系列星である

橙色巨星
ポルックスはふたご座の橙色巨星で太陽のおよそ30倍も明るく、太陽系にもっとも近い巨星である。

青色巨星
オリオン座のベラトリックスの半径は太陽のおよそ6倍、橙色巨星へ進化すると考えられている。

黄色矮星
太陽は巨星や超巨星に比べると小さいが平均的な恒星よりは少し大きい。

恒星はどこまで大きくなれる？

恒星の質量には確かに上限が存在するらしい。太陽質量のおよそ150倍を超えるような原始星は大量のエネルギーを放射してその質量を散逸している。

ウォルフ‐ライエ星

進化のもっとも進んだ段階で極めて高温の星をウォルフ‐ライエ星と呼ぶ。太陽質量のおよそ10倍で、コアで重い元素の核融合が進み星自身の質量でつぶれることを防いでいる。そのため膨大な熱と放射を発生して時速900万kmにもなる強い恒星風を吹かせている。この風によってウォルフ‐ライエ星は急激に質量を失う。多くは伴星をともない、伴星との相互作用によって特徴的ならせん状のダストを形成している。

242日の周期で回っている2つの星の軌道運動によって高温のダストは渦を巻く

2つの星の恒星風が衝突する衝撃波面にダストが生じる

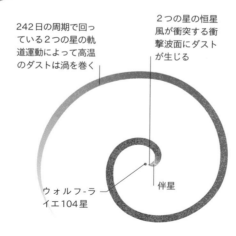

ウォルフ‐ライエ104星

伴星

らせん状のダスト
ウォルフ‐ライエ104星とその伴星の強力な恒星風の衝突で生じたダストが外へ吹き出され、2つの星の軌道運動でらせん状に渦を巻く。

極超巨星

宇宙で最大級の恒星が極超巨星である。境界が明確ではなく、強力な恒星風で表面を吹き飛ばして絶えず質量を放出しているので、最大の星を決めることは難しい。最大級の星の中では、おおいぬ座VY星やたて座UY星の半径がどちらも太陽半径のおよそ1,400倍である。

太陽

地球の軌道

木星の軌道

おおいぬ座VY星

爆発する星

星が爆発するという壮観な現象が超新星。人類がこれまでに見た最大規模の爆発である超新星は、銀河を凌駕して数日間も輝き続け宇宙の果てからも見えるほどである。

恒星の爆発のしくみ

超新星は大きく2種類に分けられる。II型超新星はすべての大質量の星が燃料を使い果たした自然な終末であって、星のコアは瞬時に崩壊し、激しい衝撃波を引き起こして爆発に至る。Ia型超新星は連星系のなかで白色矮星が伴星に衝突したか、あるいは伴星の物質を大量に引き込みすぎて質量限界を超えたときに起こる爆発である。

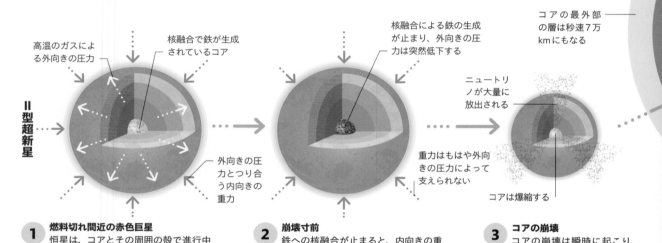

II型超新星

高温のガスによる外向きの圧力

核融合で鉄が生成されているコア

外向きの圧力とつり合う内向きの重力

核融合による鉄の生成が止まり、外向きの圧力は突然低下する

ニュートリノが大量に放出される

重力はもはや外向きの圧力によって支えられない

コアは爆縮する

コアの最外部の層は秒速7万kmにもなる

1 燃料切れ間近の赤色巨星
恒星は、コアとその周囲の殻で進行中の核融合によって支えられている。コアの核融合で鉄の生成が始まるが燃料はまもなく尽きる。

2 崩壊寸前
鉄への核融合が止まると、内向きの重力に対抗するだけの高温ガスの外向きの圧力が不足してコアは崩壊する。

3 コアの崩壊
コアの崩壊は瞬時に起こり、強力な衝撃波を発生させて星の外側が吹き飛ぶ。

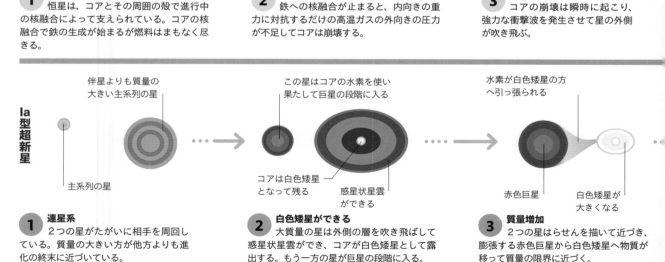

Ia型超新星

伴星よりも質量の大きい主系列の星

主系列の星

この星はコアの水素を使い果たして巨星の段階に入る

コアは白色矮星となって残る

惑星状星雲ができる

水素が白色矮星の方へ引っ張られる

赤色巨星

白色矮星が大きくなる

1 連星系
2つの星がたがいに相手を周回している。質量の大きい方が他方よりも進化の終末に近づいている。

2 白色矮星ができる
大質量の星は外側の層を吹き飛ばして惑星状星雲ができ、コアが白色矮星として露出する。もう一方の星が巨星の段階に入る。

3 質量増加
2つの星はらせんを描いて近づき、膨張する赤色巨星から白色矮星へ物質が移って質量の限界に近づく。

天の川銀河で最後に肉眼で超新星が見られたのは1604年であった

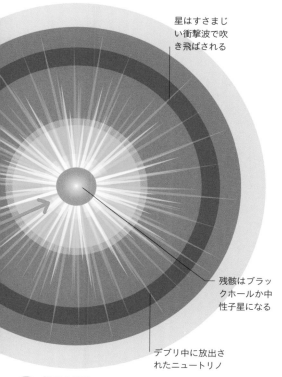

星はすさまじい衝撃波で吹き飛ばされる

残骸はブラックホールか中性子星になる

デブリ中に放出されたニュートリノ

4　爆発する星
爆発によって、明るく輝き広がる高温ガスの雲が出現し、あとに極めて高密度のコアの残骸が残る。残骸がブラックホールになるか中性子星になるかは残ったコアの質量による。

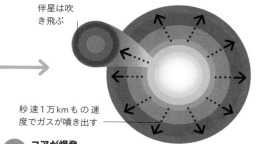

伴星は吹き飛ぶ

秒速1万kmもの速度でガスが噴き出す

4　コアが爆発
白色矮星にさらに水素が降着すると温度が上がり、突然、爆発的に核融合が始まる。白色矮星は飛び散り、伴星は弾き飛ばされる。

超新星と重い元素

恒星は宇宙の化学工場で、あらゆる種類の天然元素を作っている。星のコアでは、水素のような軽い元素をより重い元素に変換している（91頁参照）。その中には炭素や窒素のような生命に必要な元素や、鉄のような惑星のコアとなる元素がある。銅や亜鉛のようなもっと重い元素は超新星で作られて、宇宙にばらまかれる。

1 H 水素	2 He ヘリウム	3 Li リチウム	4 Be ベリリウム	5 B ホウ素	6 C 炭素
7 N 窒素	8 O 酸素	9 F フッ素	10 Ne ネオン	11 Na ナトリウム	12 Mg マグネシウム
13 Al アルミニウム	14 Si ケイ素	15 P リン	16 S 硫黄	17 Cl 塩素	18 Ar アルゴン
19 K カリウム	20 Ca カルシウム	21 Sc スカンジウム	22 Ti チタン	23 V バナジウム	24 Cr クロム
25 Mn マンガン	26 Fe 鉄	27 Co コバルト	28 Ni ニッケル	29 Cu 銅	30 Zn 亜鉛

恒星による元素製造
この表には軽い方から30種の元素があがっている。水素とヘリウムはビッグバンの直後にできたが、多くの元素は質量の大きい星の爆発か白色矮星の爆発によってできた。

元素生成の過程
- ビッグバン
- 小質量星の終末期
- 宇宙線の核分裂
- 大質量の星の爆発
- 白色矮星の爆発

超新星の探索

アマチュアの天文愛好家が自分で銀河を観測したり、自分のコンピュータで銀河の画像の確認作業をしたりして超新星の発見に参加することができる。超新星は発見の年の前にSNをつけ、あとに文字コードをつけて名づけられる。

パルサー

1960年代の終わりに、深宇宙からの強力で規則的なパルス電波が観測された。そのパルス電波は自転しながら強力な電波を発生する中性子星から来ていた。「拍動する電波の星」を意味する英語のつづりから、このような星をパルサーと呼ぶことになった。

中性子星

中性子星はすべて、超新星として爆発した太陽質量の10倍以上の超巨星の残骸である（118-19頁参照）。星は自分の重力で激しく崩壊し、わずか直径20kmの球体ぐらいにまで収縮している。中性子星の内部は陽子と電子が圧縮されてぎっしりつまった中性子の海になっている。宇宙で直接観測のできるもっとも高密度の物質が中性子星である。

パルサーがそんなに速く自転できるのは？

最速のパルサーからは1秒間に数百ものパルスが観測される。このようなミリ秒パルサーを回しているのは伴星から流れ込むガスで、ガスは水車を回す水流のように働いている。

中性子星の内部構造

中性子星の外側のようすは分かっているが、中のコアは極めて高密度で、その構造はまだ分かっていない。伝統的な見方やハイペロンコア理論などいくつかの考え方がある。

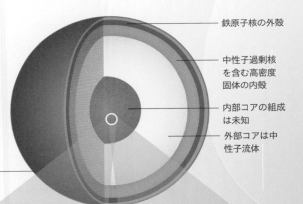

鉄原子核の外殻

中性子過剰核を含む高密度固体の内殻

内部コアの組成は未知

外部コアは中性子流体

炭素プラズマの薄い大気

中性子星には星と同じ速度で回転する強力な磁場がある

星の強力な磁場は2つの磁極に沿った漏斗の中の粒子を加速する

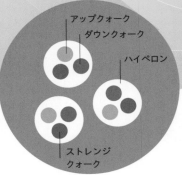

アップクォーク　中性子

ダウンクォーク

アップクォーク

ダウンクォーク

ハイペロン

ストレンジクォーク

従来の理論

この理論によれば、内部コアにはダウンクォーク2個とアップクォーク1個の3個のクォークを含む中性子がぎっしりと詰まっている。

ハイペロンコア理論

この理論によれば、極端な高圧下でダウンクォークの1個はストレンジクォークに変化し、ハイペロンと呼ばれる粒子を作っている。

宇宙の灯台

方向の決まった電波を発生する中性子星はパルサーといわれ、強力な磁場と高速回転が特徴であるが、長い間にはエネルギーを失って回転速度が落ちる。

ティースプーン1杯の中性子星を構成する物質の重さは **60億**トン

星が急速に崩壊して小さくなると自転の速度が上がる

中性子星

中性子星の重力はとても強いので、鋼鉄よりもさらに100万倍ぐらい強い固体の表面が引っ張られて滑らかな球面になっている

中性子星連星の衝突

2つの中性子星は、連星のように互いに相手を周回することができる。もし2つが近づきすぎると、まっしぐらに破壊に向かう。キロノヴァと呼ばれるこの衝突はガンマ線バーストを生じ、宇宙での金や白金、その他の重い元素の起源となっていると考えられている。2017年には、1億3,000万年前に起こったキロノヴァの重力波が地球に届いた。

重力波

2つの星は1秒間に数百回も互いの周りを回る

パルサーの電波のしくみ

およそ3,000個の中性子星のほとんどはパルサーである。パルサーの発射する強力な電波がなければ、中性子星はとても小さいので発見することは難しい。パルサーは宇宙の灯台のように、たいていは0.25から2秒に1回程度自転しながら宇宙全体に電波ビームを送っている。地球上の電波望遠鏡はその電波ビームが地球を横切るときだけパルサーを観測することができる。

パルサー ON

パルサーの自転につれて2方向の電波ビームは宇宙空間を掃くように動く。下図の瞬間にはビームの片方が地球に向いているので地球上で電波信号が検出できる。

地球

パルサーの自転の方向

地球がある方向にパルサーのビームが向く

中性子星

パルサー OFF

この図の瞬間にはパルサーの発射するビームはどちらも地球には向いていないので、地球上の観測者から見ればパルサーはオフ状態である。

ビームの方向は地球に向いていない

地球

ほとんどの**大きな銀河の中央**には **超大質量ブラックホール**があると 考えられている

ブラックホールのできるまで

大質量の恒星が超新星になって爆発し、あるところ以上までコアが崩壊すると恒星質量ブラックホールになる。重力によってブラックホールに引き込まれる物質は回転円盤状になり、電磁波を出すので観測できる。超大質量ブラックホールは星が衝突したあとか、多くの小さいブラックホールが合体してできたと考えられている。

1 **安定な恒星**
恒星のコアでの核融合はエネルギーと外向きの圧力を生じる。これが内向きの重力とつり合えば、恒星は安定であるが、燃料が尽きると、重力が優勢になる。

内向きの重力

恒星のコアでの 核融合による外 向きの圧力

恒星のコア

恒星

2 **華々しい終末**
大質量の恒星の燃料が尽きると、核融合が止まって星は死ぬ。星自身の重力による破壊に耐えられないと星は崩壊する。超新星爆発で星の外側の層は宇宙空間へ吹き飛ばされる。

恒星のコア

超新星

3 **コアの崩壊**
超新星のあとに残ったコアが太陽質量の3倍以上あれば崩壊は止まらない。特異点と呼ばれる密度が無限大の点まで収縮を続ける。

重力

特異点

終末期の恒星のコア

降着円盤に引き 寄せられる物質

降着円盤

ガスやダストや星のかけらはブラックホールの周りの降着円盤と呼ばれるところに降り注ぐ

ブラックホールには重力の強いところがあって渦のように物質を引っ張り込んでしまう

事象の地平面というのは外からそこを越えて入ると物質でも光でも再び出ることができないというところ

事象の地平面

重力の井戸

ますます強くなる重力

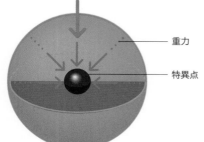

ブラックホールの中央には無限に小さく、無限に密度の高い特異点が隠れていてそこでは物質は押しつぶされてしまう

ブラックホールは吸い込んだ物質の残骸からできた荷電粒子の強烈なジェットを放出する

渦を巻いて引き込まれていく物質

④ ブラックホールができた

ここまで来ると、特異点の密度はとても高く、その周りの時空は歪んでいて光でさえも逃れられない。ブラックホールは、重力の井戸と呼ばれる無限に深い穴のような図として描かれることが多い。

ワームホールとは？

時空（154-55頁参照）の曲面を通り抜けるため考え出された空想上のトンネル。時空のある点でワームホールに入ったものは別の点から出ることができる。

ブラックホール

ブラックホールとは、重力があまりに強いために何もかも、光さえも、飲み込んでしまうという宇宙のある領域のこと。大質量の星のコアの核融合が鉄まで進んでさらに重力で崩壊するとブラックホールができることがある。

2種類のブラックホール

ブラックホールには、恒星質量ブラックホールと超大質量ブラックホールの2種類がある。恒星質量ブラックホールは超巨星が最後に超新星となって崩壊したものである。科学者たちは天の川銀河の巨星の数から、この銀河だけでもこのようなブラックホールが10億個ぐらいはあるだろうと予想している。超大質量ブラックホールは恒星質量ブラックホールよりもはるかに大きく、太陽質量の数十億倍の質量があると考えられている。また、この2種類の中間の大きさの第三のタイプがあるという証拠も見つかっている。

太陽系のおよその範囲

事象の地平面の直径

ホルム15A銀河の超大質量ブラックホールの事象の地平面

大きさ比べ

恒星質量ブラックホールは比較的小さいが、2019年に発見された巨大銀河ホルム15Aの超大質量ブラックホールは太陽質量の400億倍もあると考えられている。

恒星質量ブラックホール
事象の地平面の直径は30〜300km、質量は太陽質量の5〜100倍

超大質量ブラックホール
事象の地平面の直径は数千億km、質量は太陽質量の数十億倍

スパゲティ化現象

ブラックホールの事象の地平面に近づくと、重力が急激に強くなるのでそちらへ引っ張られる物体はスパゲティのように長く引き伸ばされる。宇宙飛行士はこのスパゲティ化現象で足が先に伸ばされる。彼の頭の部分と脚の部分では時間の経過する速さも違う。

重力は足の部分に強く働く

ブラックホール

第**4**章

銀河を

超えて

天の川銀河

私たちの太陽系のある天の川銀河は、宇宙に２兆もある銀河の１つで、中ぐらいの大きさの棒渦巻銀河である。銀河では恒星、ガス、ダストなどの集団が互いに重力で引き合っている。

天の川銀河の構造

天の川銀河（銀河系ともいう）は典型的な棒渦巻銀河で、中心には長く伸びたバルジがあり、その中心には超大質量ブラックホール（128-29頁参照）がある。２つの大きな渦状腕、たて-みなみじゅうじ座腕とペルセウス座腕は中央の棒の両端から伸びていて、他にも数個の小さい腕がある。直径10万から12万光年の薄い円盤上に腕が広がり、さらに直径17万から20万光年の球形のハローが広がっている。

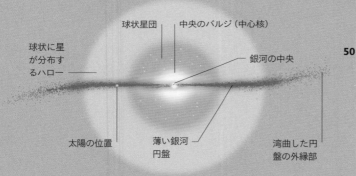

球状に星が分布するハロー

球状星団

中央のバルジ（中心核）

銀河の中央

太陽の位置

薄い銀河円盤

湾曲した円盤の外縁部

側面から見た天の川銀河

セファイド変光星の位置の詳細な観測によれば、緑色で示したように天の川銀河の外縁部は湾曲している。この湾曲は小さな伴銀河との過去の相互作用の結果かもしれないと考えられている。

天の川銀河にはいくつぐらいの星がある？

星の大部分はとても暗くて観測は難しいが、天の川銀河には1,000億から4,000億個ぐらいの星があるかもしれない。

腕と腕の間には低密度のガスやダスト、そして星がある

中心からの距離（単位：1,000光年）

50   40   30   20   10

こつじゅうじ

てん・りゅうこつ

ペルセウス座腕

オリオン

外縁部腕

渦状腕にはやや高密度のガスやダスト、そして星がある

天の川銀河（銀河系）の構造

天の川銀河の中央には古くて黄色っぽい星が密集している。渦状腕の星はより若く、青い。ダストのダークレーンは腕と交差し、赤く輝く電離ガスの星雲でふちどられている。円盤の外の球状星団の星は最も古く、広くまばらに星のあるハローとなっている。

天の川銀河の中の太陽系

太陽は銀河の中心から2万6,000光年、オリオン座腕の縁にある。太陽系は高温で電離した水素ガスの泡の中にあって、低温のダストと水素分子のガスの雲に囲まれている。雲の中は星の生まれる星雲に満ち、泡の周辺には星間ダストの輝くループが並んでいる。

太陽系を囲む天体
この天の川銀河の局所地図はオリオン座腕の一部である。太陽は図の中央付近にあり、黄色は水素ガスの雲、赤はガスとダストの雲、青は星団と巨星を示している。

夜空の天の川

天の川は白くぼんやりと輝く帯状で、たくさんの星とともに夜空を横切るように流れている。天の川銀河の円盤を厚さの方向から見ると帯状に見える。

北半球から見上げた天の川

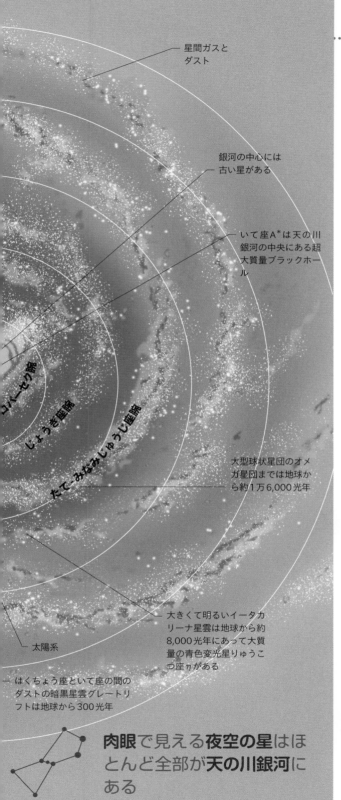

星間ガスとダスト

銀河の中心には古い星がある

いて座A*は天の川銀河の中央にある超大質量ブラックホール

大型球状星団のオメガ星団までは地球から約1万6,000光年

大きくて明るいイータカリーナ星雲は地球から約8,000光年にあって大質量の青色変光星りゅうこつ座ηがある

太陽系

はくちょう座といて座の間のダストの暗黒星雲グレートリフトは地球から300光年

肉眼で見える**夜空の星**はほとんど全部が**天の川銀河**にある

天の川銀河の中心

天の川銀河（銀河系）の中心核は800光年にわたって広がる中央バルジである。星が密集していて、中心には超大質量ブラックホールのいて座A*がある。

天の川銀河の中心

天の川銀河の中心核はダストに遮られて可視光では見えない。しかしダストを透過する赤外線や電波などの波長を使って、いて座Aという強い電波源が天の川銀河の中心にあることがわかった。そこにはいて座A*（いて座Aスター、Sgr A*）という超大質量ブラックホール、いて座Aイースト（東）という超新星残骸、ガスとダストをいて座A*へ流し込むいて座Aウェスト（西）がある。波長の短いX線やガンマ線がその中央から放射されていて、ダストやガスが極めて高速にまで加速されている活発な活動状態を示している。

天の川銀河の中枢

中央部分の星の大部分は高齢の赤色巨星だけれども、少数の若い星がいて座A*の近くを周回している。それらは付近のガス円盤で形成されたのかもしれない。

天の川銀河の中心がどこにあるかを知る方法は？

天の川銀河の天体はすべて超大質量ブラックホールのいて座A*のまわりを回っているように見える。だからそこが銀河系の中心に違いない。

天の川銀河の中央部分

かつて星が生まれたところからの赤外線放射（黄色で表示）

ガスとダストをいて座A*へ流し込むらせん構造のいて座Aウェスト（西）

ダストの雲からの赤外線放射（赤色で表示）

超新星残骸のいて座Aイースト（東）

星の爆発によるX線放射（青色で表示）

天の川銀河

渦状腕

高齢の星が密集した銀河中心核

円盤の回転方向

天の川銀河の中心のブラックホールの質量は太陽の約400万倍

天の川銀河の心臓部

天の川銀河の中心は強力な電波を発信していて、そこでは超大質量ブラックホールのいて座A*によって物質は引き込まれ、引き裂かれている。ブラックホールは直接には観測できないので、研究者たちは近くを周回する天体を追跡して、その存在を確かめ、質量を算出した。

いて座A

電波の放射（青色で表示）

ブラックホールの周りで渦を巻くガスの流れ

されたット

ジェットがガス雲に当たった衝撃波

いて座A*

X線放射（紫色で表示）

ブラックホールを周回する天体

若い星の周回速度は秒速5,000kmにもなる

いて座A*

いて座A*を周回する若い星

星の軌道

超大質量ブラックホール

電波源のいて座A*は直径4,400万kmで太陽の約30倍であるが、さらにその中心のブラックホールの質量は太陽の約400万倍である。いて座A*は休止状態にあって、数年ごとに強力なX線の巨大フレアを放射している。それはブラックホールに引き裂かれて落ち込む小惑星のようなものによる発光ではないかと考えられている。

銀河中心の活動

ガスの巨大電波ローブが銀河の中心から上下に何千光年も広がっていて、X線を発するガスが注ぎ込まれている。これらはフェルミ宇宙望遠鏡で発見され、ガスの発するガンマ線が検出されている。ガンマ線はX線よりもさらに高エネルギーの電磁波である（153頁参照）。

電磁放射

銀河の中心からの電磁放射は、超大質量ブラックホールいて座A*から遠ざかる物質、おそらく生成初期の星からの粒子ジェットやガスなどの運動によるものである。

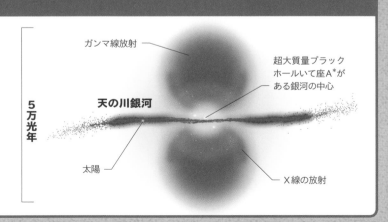

ガンマ線放射

超大質量ブラックホールいて座A*がある銀河の中心

5万光年

天の川銀河

太陽

X線の放射

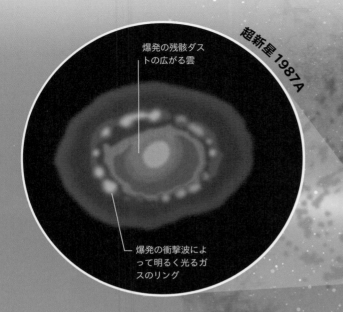

超新星 1987A

爆発の残骸ダストの広がる雲

爆発の衝撃波によって明るく光るガスのリング

マゼラン雲流のガス腕

マゼラン雲流のガス腕と天の川銀河の高温ガスとの相互作用でガスが圧縮され新しい星ができる

天の川銀河

大マゼラン雲（LMC）

２つのマゼラン雲を結ぶ中性水素の流れであるマゼラン橋（青色で表示）

小マゼラン雲（SMC）

LMCの大きな重力に引き出されたSMCの水素ガス

マゼラン雲と天の川銀河を結ぶ高速の水素ガスの流れであるマゼラン雲流（赤色で表示）

星の爆発

LMCの中の星が超新星になり、太陽の１億倍、過去400年間では最大級の明るさで爆発したのが1987年に地球で観測された。

大マゼラン雲

大マゼラン雲（LMC）は棒構造や渦状腕をもつ矮小渦巻銀河（140-41頁参照）である。天の川銀河の重力によって、活発な星生成の領域になっている。天の川銀河のようにLMCにも球状星団、散開星団、惑星状星雲、そしてガスやダストの雲がある。

マゼラン雲

ポルトガルの探検家フェルディナンド・マゼランが赤道の南を航行中の1519年に観測し、のちに彼に因んで命名されたマゼラン雲は南半球の夜空に白い雲のように見える。天の南極近くのかじき座ときょしちょう座に位置し、この不規則な雲のような星の集まりは、大小それぞれが小さな銀河で局所銀河群に属する天の川銀河の隣人である。

マゼラン雲を発見したのは誰？

南半球の人々にはマゼラン雲は古代から知られていたが、初めて記録に残したのはペルシャ人の天文学者アル・スーフィーで964年のこととされている。

銀河円盤
（全天ビュー）

マゼラン雲流
のガスの尾

重力による相互作用
大小のマゼラン雲は互いに水素ガスの雲でつ
ながり、天の川銀河とは高速で動く水素ガス
の流れでつながっている。このような構造は
マゼラン雲と天の川銀河との重力相互作用の
結果であると考えられている。

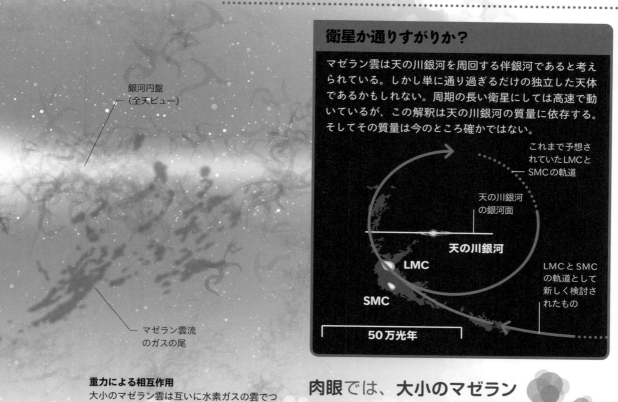

衛星か通りすがりか？

マゼラン雲は天の川銀河を周回する伴銀河であると考え
られている。しかし単に通り過ぎるだけの独立した天体
であるかもしれない。周期の長い衛星にしては高速で動
いているが、この解釈は天の川銀河の質量に依存する。
そしてその質量は今のところ確かではない。

これまで予想さ
れていたLMCと
SMCの軌道

天の川銀河
の銀河面

天の川銀河

LMC

SMC

LMCとSMC
の軌道として
新しく検討さ
れたもの

50万光年

**肉眼では、大小のマゼラン
雲は南の空に浮かぶぼんや
りした雲のようにしか見えない**

小マゼラン雲

矮小不規則銀河である小マゼラン
雲（SMC）は肉眼で見えるもっと
も遠い天体の1つである。中央に
棒構造の残骸があり、天の川銀河
の重力の影響を受けて粉砕される
前には棒渦巻銀河だったのかもし
れない。2つのマゼラン雲の間に
も重力相互作用があり、SMCは
LMCの周りを回っていて、星生成
の領域である水素ガスの雲——マ
ゼラン橋——を共有している。

大小のマゼラン雲の比較		
SMCはLMCと比較して、遠くにあり、小さく、質量も少なく、星も少ない。どちらも矮小銀河であるけれども、SMCは不規則銀河、LMCは矮小渦巻銀河である。		
	LMC	**SMC**
地球からの距離	16万3,000光年	20万光年
直径	1万4,000光年	7,000光年
質量	太陽質量の800億倍	太陽質量の400億倍
星の数	100〜400億	数億

アンドロメダ銀河

アンドロメダ銀河が発見されたのはいつ？

ペルシャのアル・スーフィーが発見し、マゼラン雲を記録したのと同じ著書『星座の書』に「ぼんやりとしたしみ」と記したのが964年ごろといわれる。

アンドロメダ銀河は、天の川銀河にもっとも近く、局所銀河群（134-35頁参照）のなかではもっとも明るくてもっとも大きい。天の川銀河のような棒渦巻銀河なので、アンドロメダ銀河の観測は天の川銀河を理解するためにとても役に立つ。

アンドロメダ銀河は50億年ぐらいのうちに**天の川銀河**に**衝突**することになりそう

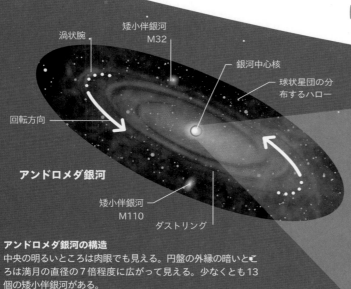

渦状腕
矮小伴銀河 M32
銀河中心核
球状星団の分布するハロー
回転方向
アンドロメダ銀河
矮小伴銀河 M110
ダストリング

アンドロメダ銀河の構造
中央の明るいところは肉眼でも見える。円盤の外縁の暗いところは満月の直径の7倍程度に広がって見える。少なくとも13個の矮小伴銀河がある。

アンドロメダ銀河とは？

長い間、アンドロメダ銀河は星雲だと思われていた。それが最初に銀河だと認められたのは1925年、エドウィン・ハッブルがその中のセファイド変光星までの距離を計算して、天の川銀河の外にあることを示したときである。アンドロメダ銀河は肉眼で見えるが、地球からは250万光年のところにあって、ほとんど視力の限界なので構造まではわからない。しかし、赤外線観測によれば棒渦巻銀河で、少なくとも1つの大きなダストリングがあることが明らかになった。

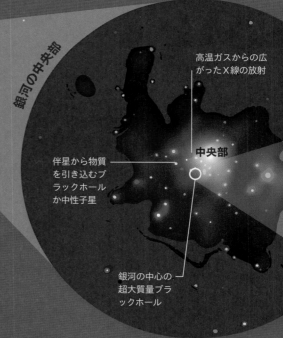

銀河の中央部

高温ガスからの広がったX線の放射
中央部
伴星から物質を引き込むブラックホールか中性子星
銀河の中心の超大質量ブラックホール

銀河の中央部
アンドロメダ銀河のX線観測によれば、26個の恒星質量ブラックホールあるいは中性子星が中央バルジにある。それらの強力な重力場が連星系をなしている伴星から物質を引き込み、高エネルギーの放射を出している。銀河の中心には超大質量ブラックホールがある。

銀河の構造

アンドロメダ銀河には特徴的な星の配置があって、円盤（と中央のブラックホールの周り）の渦状腕には若い青い星、中央バルジには古い赤い星がある。同じような星の配置は天の川銀河にも見られる。アンドロメダ銀河には、目立って暗いダストレーンがあってほとんどの星の生成がそこで行われているが、このダストレーンは渦状というよりは円に近い。銀河の中の比較的小さなダストリングは少なくとも２億年前に局所銀河群内の近くにある矮小銀河M32と遭遇した結果かもしれない。

アンドロメダ銀河と天の川銀河をくらべてみると

アンドロメダ銀河は天の川銀河に比べて大きさが２倍、星の数も２倍であるが全質量は同じかやや少ない。

アンドロメダ銀河
- 銀河の型：棒渦巻銀河
- 直径：22万光年（ハローを除く）
- 質量：太陽質量の1兆倍
- 星の数：1兆
- 球状星団の数：460

アンドロメダの渦状腕は分断されていて環のような構造への移行中かもしれない

天の川銀河
- 銀河の型：棒渦巻銀河
- 直径：10万〜12万光年（ハローを除く）
- 質量：太陽質量の8,500億〜1兆5,000億倍
- 星の数：1,000億〜4,000億
- 球状星団の数：150〜158

天の川銀河は円盤上の星の分布もダストレーンもはっきりした渦巻銀河である。

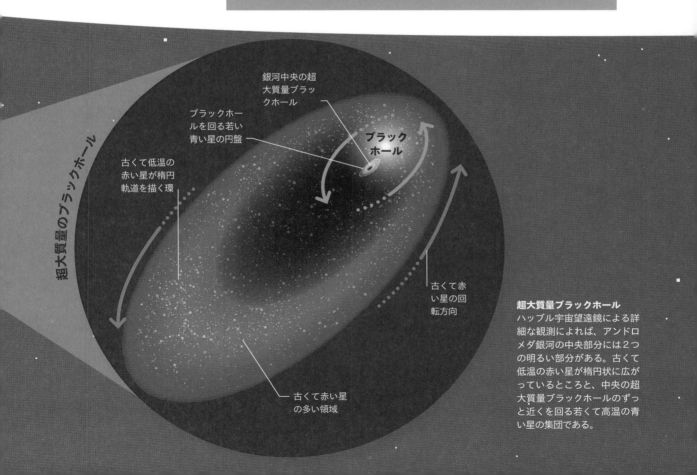

超大質量のブラックホール

銀河中央の超大質量ブラックホール

ブラックホールを回る若い青い星の円盤

ブラックホール

古くて低温の赤い星が楕円軌道を描く環

古くて赤い星の回転方向

古くて赤い星の多い領域

超大質量ブラックホール
ハッブル宇宙望遠鏡による詳細な観測によれば、アンドロメダ銀河の中央部分には２つの明るい部分がある。古くて低温の赤い星が楕円状に広がっているところと、中央の超大質量ブラックホールのずっと近くを回る若くて高温の青い星の集団である。

400万光年

ろくぶんぎ座B銀河 ・

ろくぶんぎ座A銀河 ・

300万光年

しし座A銀河 ・

NGC3109 ・

・ ポンプ座矮小銀河

200万光年

りょうけん座矮小銀河 ・

しし座I銀河 ・

・ しし座II銀河

100万光年

ろくぶんぎ
座矮小銀河 ・

・ おおぐま座矮小銀河I

おおぐま座
矮小銀河II

うしかい座矮小銀河 ・ こぐま座矮小銀河

りゅう座矮小銀河

天の川銀河

大マゼラン雲

小マゼラン雲 ・ いて座矮小銀河

りゅうこつ座矮小銀河 ・

・ ちょうこくしつ座矮小銀河

ろ座矮小銀河 ・

アンドロメダ座I銀河

バーナードの銀河NGC6822 ・

ほうおう座矮小銀河 ・

みずがめ座矮小銀河

いて座矮小不規則銀河

IC1613

くじら座矮小銀河 ・

・ きょしちょう座矮小銀河

ウォルフ―ルントマルク―メ
ロット系矮小不規則銀河

局所銀河群

局所銀河群というのは、天の川銀河と
アンドロメダ銀河を最大のメンバーと
して互いに重力で緩やかに結びついた
銀河の小さな集団である。この銀河群
に属する他のほとんどの銀河は矮小銀
河（140-41頁参照）である。

局所銀河群に属する銀河
局所銀河群に属するほとんどの銀河は天の川銀河かアンドロメ
ダ銀河の伴銀河である。遠方のポンプ座矮小銀河とろくぶんぎ
座矮小銀河はサブグループを形成していて、他にもいくつかの
小さな単独の銀河がある。この図には天の川銀河が中心に描か
れているけれども、実際にはこの局所銀河群の銀河はすべて天
の川銀河とアンドロメダ銀河の重心を周回している。

局所銀河群には
いくつの銀河がある？
50以上が確認されているが、天の
川銀河の後ろに隠れているものも
あるので全体の数は今もわかっ
ていない。

局所銀河群の将来

局所銀河群は比較的若いので、ガスはまだ銀河の中にあって星の生成に寄与している。天の川銀河の最大の隣人である大小マゼラン雲は親銀河である天の川銀河に引っぱられている。同じように天の川銀河とアンドロメダ銀河は近づきつつあり、いつかは合体するであろう。局所銀河群自体も、もっとも近くにあってずっと大きなおとめ座銀河団（146-47頁参照）にいつか吸収されてしまうだろう。

- IC10
- NGC185
- NGC147
- M110
- アンドロメダ銀河
- M32
- アンドロメダ座II銀河
- アンドロメダ座III銀河
- さんかく座銀河
- うお座矮小銀河
- ペガスス座矮小銀河

局所銀河群の総質量は**太陽質量の2兆倍**と考えられている

さんかく座銀河

270万光年の彼方にあるさんかく座銀河は肉眼で見えるもっとも遠い天体の1つで、局所銀河群では3番目に大きく、直径はおよそ6万光年。さんかく座銀河は20億年から40億年ぐらい前にアンドロメダ銀河に接近遭遇し、アンドロメダの銀河円盤での星の生成を引き起こした。

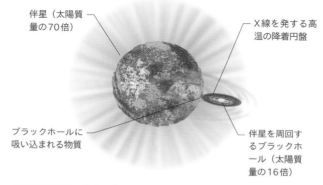

- 伴星（太陽質量の70倍）
- X線を発する高温の降着円盤
- ブラックホールに吸い込まれる物質
- 伴星を周回するブラックホール（太陽質量の16倍）

恒星質量ブラックホール
さんかく座銀河には、太陽質量の16倍ほどのブラックホールがそれよりずっと大きな伴星を周回するという変わった連星系がある。物質がブラックホールに引き込まれる際にX線を放射している。

バーナードの銀河

バーナードの銀河には、バブル、リング、ハッブルV、ハッブルX星雲などの星の生成の盛んな領域がたくさんある。160万光年離れていて、天の川銀河の外の天体系としてセファイド変光星（98-99頁参照）の観測によって距離の計算された最初の天体系の1つである。

- リング星雲
- バブル星雲
- ハッブルV星雲
- ハッブルX星雲

渦巻銀河の構造

渦巻銀河には多くの恒星やガスやダストの集まった平らな円盤がある。星は中央バルジの周りをぎっしりと渦状に取り巻き、ときには棒状に伸びていることもある。渦状腕は若く青い星で輝き、古い赤や黄色の星は中央バルジと広がったハローにあって、ハローにはさらに球状星団もある。

観測されている銀河のおよそ3分の2は渦巻銀河である

渦巻銀河にある星

典型的な渦巻銀河では、ほとんどの星は銀河円盤と、真ん中のブラックホールの周りの球形のバルジの中にある。球形に広がったハローにも星はあって、ふつうは小型の球状星団になっている。

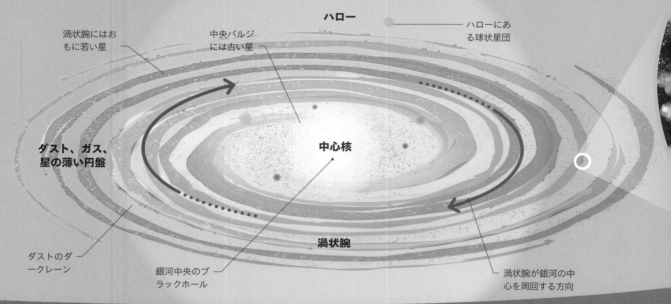

渦状腕にはおもに若い星

中央バルジには古い星

ハロー

ハローにある球状星団

ダスト、ガス、星の薄い円盤

中心核

ダストのダークレーン

銀河中央のブラックホール

渦状腕

渦状腕が銀河の中心を周回する方向

渦巻銀河

渦巻銀河は宇宙でも特に華やかで目を奪われるもので、円盤の中の密度の分布によって、渦状腕の数や、どのような渦の巻き方になるか、どれほどくっきりと見えるか、など見かけに変化が現れる。

渦状腕

銀河というのは硬い構造物ではなく、星やガス、ダストなどによる流体のような集合体で、すべてが銀河の中心を周回している。渦状腕はその中で物質の密度の高い部分が波のように連なったものでまわりよりもゆっくりと動いている。星やガスは、交通渋滞に巻き込まれた車のように密度の波に飲み込まれ、揉まれながら反対側へ出ていく。新しい明るい星の誕生のきっかけとなるこの雑踏が渦状腕として観測されている。

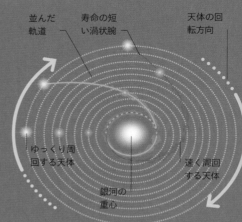

並んだ軌道

寿命の短い渦状腕

天体の回転方向

ゆっくり周回する天体

速く周回する天体

銀河の重心

理想化した銀河

理想化した銀河には並んだ軌道を同じ速度で運動する天体があって、外側の天体は中心に近い天体に比べて一周するために長い距離を移動しなければならない。渦は発達するけれどもその渦はすぐにきつく巻かれてしまって判別できなくなる。

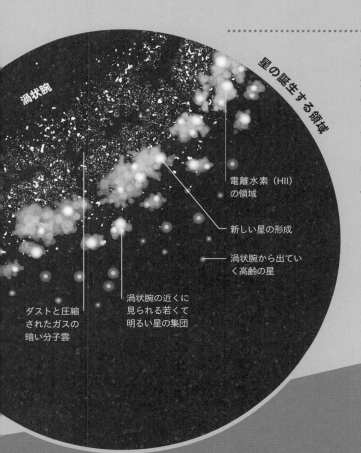

渦状腕

星の誕生する領域

電離水素（HII）
の領域

新しい星の形成

渦状腕から出てい
く高齢の星

渦状腕の近くに
見られる若くて
明るい星の集団

ダストと圧縮
されたガスの
暗い分子雲

渦状腕の活動

渦状腕は銀河円盤をゆっくりと動く密度の濃淡の波で、密度の高い領域に入ってきたガスがさらに圧縮されて星が盛んにできる場所になる。できたての明るい星は大量の紫外線を放射し、ガスの中の水素を電離して輝かせる。この明るい星たちと輝くガスが渦状腕をくっきりと浮かび上がらせる。

もっとも大きい渦巻銀河は？

2019年にハッブル宇宙望遠鏡が最大の渦巻銀河の1つと考えられているUGC2885を撮影した。2億3,200万光年の彼方にあり、天の川銀河のおよそ2.5倍の大きさで、10倍もの星がある。

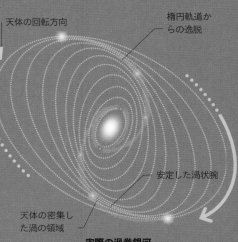

天体の回転方向

楕円軌道か
らの逸脱

安定した渦状腕

天体の密集し
た渦の領域

実際の渦巻銀河

実際の銀河でも外側の天体は内側の天体よりも長い軌道を周回するが、その軌道は楕円形でやや角度がずれている。長い間にはこれによってある場所に天体が集中して安定な渦状腕を作ることになる。

恒星の軌道

円盤の中の星は、おおむね銀河面の中で楕円軌道を周回しながら上や下に飛び出す。中央バルジの中の星はまちまちの角度で短い軌道を回るので、直径が数百光年の球体上に分布することになる。同じようにハローの中の星もさまざまな角度で周回するが、数千光年という長い軌道を上、あるいは下に回ってから銀河面を通過する。

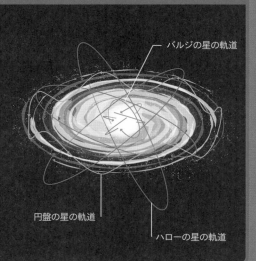

バルジの星の軌道

円盤の星の軌道

ハローの星の軌道

楕円銀河

楕円銀河はほとんど構造のない滑らかなボールのような星の集まりで、大きさはさまざま、形も細長いものからほとんど球形のものまであって、レンズ状銀河にも渦巻銀河にも似ているところがある。最大のものはどの渦巻銀河よりもはるかに大きい。

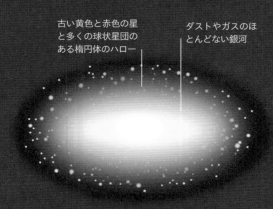

古い黄色と赤色の星と多くの球状星団のある楕円体のハロー

ダストやガスのほとんどない銀河

楕円銀河の構造
M86は典型的な楕円銀河で、大きさは天の川銀河に近いが、300倍もの球状星団がある。はっきりとした中心核はなく、中心から外に向かって星の密度が滑らかに減っていく。

傾きも離心率もさまざまな軌道

楕円銀河の星の軌道
楕円銀河には星と相互作用をする星間のダストやガスがほとんどないので星は決まった軌道面内にとどまっている。それぞれの軌道の傾きはさまざま、ほとんど円形の軌道から扁平な楕円軌道まで形も多様でまるでカオスである。

楕円銀河

天の川銀河の10分の1ぐらいから数十倍ぐらいの巨大なものまで楕円銀河の大きさはさまざまである。楕円銀河の星の多くは古く黄色か赤色で質量も小さい。星間にガスやダストはほとんどなく、星の生成もほとんど起こらない。ガスやダストの多くがすでに星になってしまったからであろう。銀河団の中央のもっとも明るい銀河が巨大楕円銀河であることが多いが、矮小楕円銀河は比較的暗く発見が難しい。

巨大楕円銀河
楕円銀河は知られている中では最大級の銀河である。典型的な棒渦巻銀河である天の川銀河と比較すると、M87は約10倍、現在知られている最大級の銀河であるIC1101はおよそ40倍もある。天の川銀河の星の数は数千億個であるが、これらの巨大銀河には数兆個の星がある。

天の川銀河
棒渦巻銀河
直径17万～20万光年
星の数は1,000億～4,000億

M87
巨大楕円銀河
直径100万光年
星の数は数兆個

IC1101
超巨大楕円銀河
直径400万光年
星の数は約100兆個

レンズ状銀河

レンズ状銀河は、特に横から見ると楕円銀河によく似ているが、渦巻銀河と同じようにガスとダストの円盤がある。この円盤がレンズのような形なのでレンズ状と呼ばれている。レンズ状銀河の中には、全部ではないが、ほとんどのガスとダストを失ってしまった渦巻銀河もあるのかもしれない。楕円銀河のようにレンズ状銀河には古い星が多く、新しい星の生成のようすはほとんど見られない。

矮小楕円銀河 は暗くて **観測が難しい** が、銀河としてはおそらくもっともありふれたもの

古い星の集まった大きな球形の中心核

環状のダストトレーン

ガスとダストと古い星の円盤

中心核にはカオス状の楕円軌道

円盤上ではほとんど円軌道

レンズ状銀河の構造
NGC2787は円盤に同心円状のダストのリングがあって、大部分のレンズ状銀河よりは構造が目立っているが、多くのレンズ状銀河と同様、同じような大きさの渦巻銀河よりは大きな中心核がある。

レンズ状銀河内の星の軌道
レンズ状銀河の円盤上の星の多くはほとんど円形の整った軌道を描いている。しかし、大きな中央バルジでは星の軌道はさまざまで、真円でもなく、いろいろな角度に傾いている。

銀河の分類

銀河を形態によって分類するときにはエドウィン・ハッブルが1926年に提唱した方法が今日でも広く使われている。彼は銀河を地球から見える形によって、楕円銀河、レンズ状銀河、渦巻銀河の3つに分類した。音叉図と呼ばれるこの分類図は銀河の進化を説明するわけではなく、また4番目としてはっきりした形になっていない不規則銀河（141頁参照）があることもわかっている。

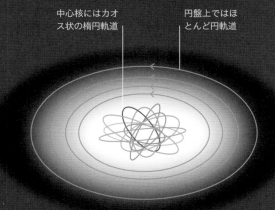

ハッブルの音叉図
楕円銀河はE0（円形）からE7（扁平な楕円形）まで、レンズ状銀河はすべてS0である。渦巻銀河は渦巻（S）と棒渦巻（SB）に分けられる。

渦巻銀河

Sc

Sb

Sa

S0

E0　E3　E5　E7

楕円銀河

レンズ状銀河

SBa

SBb

SBc

棒渦巻銀河

（141頁参照）

矮小銀河

観測可能な宇宙の中にあるおよそ2兆の銀河のほとんど
は天の川銀河よりもずっと小さい。そのような矮小銀河
の中には渦巻型のようなはっきりした形態のものもある
が、多くは不規則型である。

銀河の大きさ
矮小銀河の多くは天の川銀河の10分の1程度の大き
さで星の数は100分の1程度、数十億以下である。

天の川銀河
直径17万〜20万光年

はまき銀河
直径4万光年

NGC 4449
直径2万光年

大マゼラン雲
直径1万4,000光年

NGC 1569
直径8,000光年

小マゼラン雲
直径7,000光年

ツビッキー18銀河
直径3,000光年

矮小銀河とは

矮小銀河のほとんどは大きな銀河の
引力を受けて、恒星を回る惑星のよ
うにその周りを回っている。しかし、
なかには大きな天体とは独立に運動
しているものや、銀河団の間の何も
ないところに孤立しているものもあ
る。矮小銀河は宇宙の進化の早い時
期に形成され、近くの銀河と合体し
て大きな銀河になる前にごく初期の
星を生み出していたと考えられてい
る（168-69頁参照）。天の川銀河の
付近には60ほどの矮小銀河が知ら
れていて、最大のものは大小のマゼ
ラン雲（130-31頁参照）である。

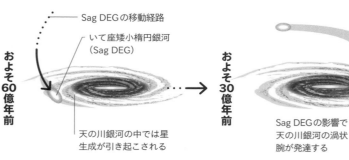

Sag DEGの移動経路

いて座矮小楕円銀河
（Sag DEG）

およそ
**60
億年
前**

天の川銀河の中では星
生成が引き起こされる

およそ
**30
億年
前**

Sag DEGの影響で
天の川銀河の渦状
腕が発達する

Sag DEGか
らはがされた
星の流れ

天の川銀河の円盤を初めて通過

天の川銀河を回る軌道に入る

いて座矮小楕円銀河の相互作用
いて座矮小楕円銀河（Sag DEG）は少
なくとも3回、天の川銀河の円盤を通
過して、そのたびごとに星生成を促し、
天の川銀河の円盤をわずかにゆがめた。
太陽は最初の遭遇の頃に形成された。

太陽系に
もっとも近い銀河は？

おおいぬ座矮小銀河は太陽系から
わずか2.5万光年のところにある。
これは太陽系から天の川銀河の中
心までの距離（2.6万光年）よ
りも近い。

**わかっている銀河のおよそ
4分の1は不規則銀河であ
ると考えられている**

不規則銀河

矮小銀河の多くは不規則型に分類されているが、大小のマゼラン雲のように渦巻、あるいは棒渦巻の構造が赤外線観測によって明らかになったものもある。矮小銀河は質量が小さいので、もっと質量の大きな近隣の銀河の強い重力によって簡単に引っ張られたり、もとの構造を破壊されたりする。普通の大きさの銀河にも不規則型はある。大きい不規則銀河の多くは、渦巻構造のゆがみや星生成の盛んな領域であるスターバーストなどに他の銀河との衝突の痕跡を残している。

スターバースト銀河

不規則スターバースト銀河であるはまき銀河は、すぐ近くの大きなM81（右図の画面の外）の重力の影響を受けて、コアで活発な星生成を引き起こしながら変形させられている。

円盤から引き出されるガスとダスト

新しくできた星で輝くコア

変形した銀河

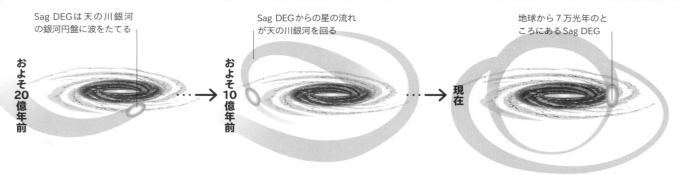

Sag DEGは天の川銀河の銀河円盤に波をたてる

Sag DEGからの星の流れが天の川銀河を回る

地球から7万光年のところにあるSag DEG

およそ20億年前

およそ10億年前

現在

天の川銀河の円盤を通過（2度目）

天の川銀河の円盤を通過（3度目）

天の川銀河を回り続ける

矮小銀河の形態

矮小銀河は、形や特徴、構造などによって分類される。普通の大きさの銀河と同じような渦巻、楕円、不規則型の他に、コンパクト矮小銀河などもある。

	矮小楕円銀河	普通の楕円銀河より小さくて弱々しい。おそらく質量の小さい渦巻銀河か若い銀河の残骸		**矮小渦巻銀河**	矮小渦巻銀河は比較的珍しい。ほとんどは銀河団の外にあって重力の相互作用が働いていない
	矮小楕円体銀河	球状星団に似た小さくて暗い銀河であるが、ダークマター（148頁参照）が多い点で球状星団とは異なる		**青色コンパクト矮小銀河**	この銀河には若くて高温で質量の大きな星が多く、超コンパクト矮小銀河はさらに小さくて星がぎっしり詰まっている
	矮小不規則銀河	はっきりとした形のない小さな銀河で、宇宙で生成された初期の銀河に似ていると考えられている		**マゼラン渦巻銀河**	大マゼラン雲のような渦状腕が1つだけの矮小銀河は渦巻銀河と不規則銀河の中間の形態

活動銀河

銀河のなかには、その銀河の星だけでは出せないような異常に大きなエネルギーを放出するものがあって活動銀河と呼ばれている。電磁波のスペクトル（153頁参照）で見ると、天の川銀河の1,000倍も明るいところがある。その中心には活動銀河核があって、中央のブラックホールに物質が落ち込む際に大量のエネルギーを放出している。

電波ローブ

ブラックホールから噴き出す物質が銀河間のガスによって減速されローブ状に広がる

粒子ジェット

ブラックホールの磁極から飛び出す高速の粒子ジェット

ブラックホールの周囲の物質の回転方向

ダストトーラス

降着円盤

ブラックホール

圧縮と摩擦によって高温になった物質

銀河の中心を取り囲むダストとガスのリングで降着円盤が見えなくなることもある

超大質量ブラックホールは付近の物質を引き込み、高エネルギー粒子のジェットを噴出する

高温のガス円盤は回りながらブラックホールへ落ち込む

磁場と相互作用する粒子ジェットはおもに電波を発する

降着円盤はあらゆる波長の電磁波を発する

強力な重力によって引き裂かれた星

粒子ジェット

電波ローブ

数千光年も広がって電波を放射する電波ローブ

天の川銀河は活動銀河？

現在、天の川銀河は活動を休止中である。しかし銀河円盤の上にも下にもガンマ線のローブがあるので数百万年前には活動的だったと考えられる。

大きなエネルギー

活動銀河では中央の超大質量ブラックホールが付近の物質を吸い込んでいる。その物質は渦巻く円盤になり、圧縮されて、引っ張られ、引き裂かれて高温になる。ブラックホールに引き込まれた物質の3分の1近くはエネルギーになり、活動銀河はきわめてエネルギーの大きな長寿の天体になっている。活動銀河のほとんどは天の川銀河からはかなり遠いけれども、近いところにも少しはあり、またすべての銀河は活動的になる可能性がある。

活動銀河の構造

高温の降着円盤とダストトーラスが中央のブラックホールを取り巻いている。活動銀河には、ブラックホールの磁場から荷電粒子のジェットにより生成される電波を放射する大きなローブがあるものもある。

ハンニー氏の天体

2007年に発見されたこの緑色の不思議な天体は「宇宙のおばけ」と呼ばれている。近くの銀河IC2497にあるクエーサーからの放射の影響で酸素イオンが緑色に輝いている。そのクエーサーはすでに活動的ではないが、銀河から流れ出すガスが電離した雲の中での星の生成を促している。

IC2497

星生成の領域

ガスの流れ

かつての銀河との衝突、あるいは接近によってIC2497から注ぎ込まれたガスの雲

いろいろな活動銀河

電波銀河、セイファート銀河、クエーサー、ブレーザーなどはすべてX線やその他の高エネルギー放射をする活動銀河である。その区別は銀河の中心核の活動のエネルギー、銀河の質量、および地球に向いている方角によっている。セイファート銀河とクエーサーは向きが似ているが、セイファートはクエーサーよりもずっと放射のエネルギーが低い。クエーサーは準恒星状天体という意味で作られた言葉であるが、もっとも高エネルギーで明るい放射をする天体として知られている。

ジェット

電波ローブ

**電波銀河
NGC383**

電波銀河
地球からの観測ではダストリングを真横から見る形なので電波銀河の中心核は隠れていてジェットと電波ローブしか見えない。

降着円盤

ダストリング

**クエーサー
PG0052＋251**

クエーサー
クエーサーのダストリングは地球に向かって傾いていて、周りの銀河の光を凌駕する降着円盤の輝きを地球から見ることができる。

ジェットを発する中心核

**ブレーザー
マルカリアン421**

ブレーザー
地球上の観測者の方へジェットをまっすぐに放射するブレーザーでは、強烈な光に銀河が隠されているが電波ローブが観測されることがある。

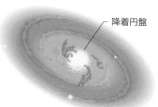

降着円盤

**セイファート銀河
M106**

セイファート銀河
クエーサーと同じように降着円盤を地球に向けているセイファート銀河は、クエーサーより中心核の活動が弱いので周りの銀河のようすをよく見ることができる。

　もっとも**遠くのクエーサー**からの光は**120億年以上**もかかって地球に届く

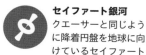

銀河の衝突

銀河団の中では銀河は互いの間隔に比べれば大きいので、異常な接近や衝突さえもよく起こる。衝突が新しい星の生成を誘発したり、銀河の進化において重要な役割を果たしたりすることもある。

銀河の相互作用

2つの銀河が接近することの影響はそれぞれの大きさやどのくらい近づいたかによって違う。相互作用が小さければ、双方の形が少し歪むくらいであろうが、大きな相互作用や衝突となれば、その結果は劇的で爆発的な星の生成や、片方、あるいは両方が引き裂かれることもある。衝突によって銀河から物質が引き出されたり、中央のブラックホールに吸い込まれて新たな活動銀河核（142-43頁参照）ができたりする。

2つの銀河が衝突したら惑星はどうなる？

銀河が衝突すれば重力の作用によって惑星の軌道が変わったり、跳ね飛ばされたりするかもしれないが、惑星どうしが衝突することは、おそらくない。

渦状腕には若く高温の青い星

矮小銀河の重力で引っ張られて2つの銀河をつなぐ子持ち銀河の腕

NGC5195 矮小銀河

子持ち銀河

衝突によって形の崩れた矮小銀河

活動銀河核では中央のブラックホールに引っ張られる物質からの放射が見られる

明るいピンク色の部分では星生成が盛ん

高密度の星と活発な星生成で明るく輝く中心核

衝突で粉砕されて新しい星が生まれているガスとダストの雲

衝突した銀河

渦巻銀河である子持ち銀河は3億年ほど前にずっと小さいNGC5195矮小銀河と衝突し、矮小銀河の渦巻構造が崩れて、爆発的な星生成を引き起こした。子持ち銀河に活動銀河核があるのはその衝突の結果であろう。

銀河の進化

銀河の形が別の形に変化するきっかけは衝突である。銀河の衝突の結果、双方は原形を留めないほどに歪んでしまったり、大きい方が小さい方を飲み込んでしまったりする。渦巻銀河はガスやダストをすべて引き剥がされ、星の生成が終わって、楕円銀河になる。多重衝突で大きな楕円銀河ができると星はでたらめの角度で周回し、銀河はもとの構造を失ってしまう。

合体モデル

銀河の進化に関するある理論によれば、銀河が星間のガスを星の生成で使い切ってしまうと、次々と合体や衝突に向かう。合体によって巨大楕円銀河ができて、やがて銀河団の中央を占めることになる。

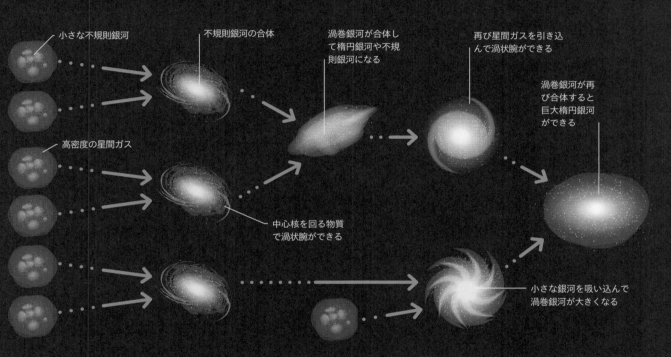

小さな不規則銀河

不規則銀河の合体

渦巻銀河が合体して楕円銀河や不規則銀河になる

再び星間ガスを引き込んで渦状腕ができる

渦巻銀河が再び合体すると巨大楕円銀河ができる

高密度の星間ガス

中心核を回る物質で渦状腕ができる

小さな銀河を吸い込んで渦巻銀河が大きくなる

2つの**大きな銀河の合体**が起こると、年間合わせて**太陽質量の数千倍**にもなる**新しい星**が生まれる

銀河衝突のシミュレーション

銀河の衝突は何百万年もかけて起こることなので、その全体を観測することは不可能である。しかし、簡単化した仮想的な銀河の衝突についてのコンピュータシミュレーションによって銀河の運命をたどることができる。ここでは2つの銀河の構造が10億年かけて衝突し、壊れて合体するようすを見よう。

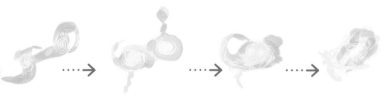

はじまり　　　5億年後　　　7億5,000万年後　　　10億年後

銀河団と超銀河団

孤立している銀河はごくわずかで、多くの銀河は集団になっている。大きな引力によって、小さな銀河群、大きな銀河団、さらに大きな超銀河団になっている。超銀河団は宇宙でもっとも大きな構造である。

超銀河団

銀河団はそれ自身が超銀河団の一員である。超銀河団は宇宙の大きなボイド（空洞）の間のフィラメントに沿って、あるいはシートの上に存在する（150-51頁参照）。宇宙には何百万もの超銀河団がある。「ビッグバンのこだま」と呼ばれる宇宙マイクロ波背景放射（164-65頁参照）で検出された温度の揺らぎは、このような大規模な質量の集中が宇宙のごく初期から始まったことを示している。その頃の温度や物質密度のわずかな揺らぎが最初の矮小銀河となり、近隣の銀河と影響を与えあって銀河群となり、銀河団、超銀河団となったと考えられている。

ラニアケア超銀河団

天の川銀河が属する局所銀河群はおとめ座銀河団に属し、さらにおとめ座超銀河団に属している。おとめ座超銀河団を含むいくつかの超銀河団がラニアケア超銀河団と呼ばれる大規模構造に属すると考えられている。

最大規模の超銀河団の大きさは？

ちょうこくぐ座超銀河団は直径約9億光年でおよそ50万個の銀河が含まれていて最大であるとされている。

典型的な**銀河団**の銀河の数は
50個から1,000個

銀河群と銀河団

局所銀河群（134-35頁参照）のように比較的まばらな銀河群もあるし、おとめ座銀河団のようにかなり密なものもある。しかし銀河がいくつぐらい属しているかにはよらず、銀河団はすべて直径数百万光年という同じぐらいの空間的な体積を占めている。極端に密度の高い銀河団にはその中心にぎっしりと球状に分布した巨大楕円銀河が存在する。

ミッシングマス（見えない質量）

銀河団に属する銀河の星の質量による引力だけでは銀河団をまとめておくことはできない。銀河間ガスには星よりも多くの質量があり、さらに多くがダークマターとして存在している。重力レンズ現象（148-49頁参照）によって、銀河として観測できる物質よりもずっと広範囲なダークマターの分布がわかる。

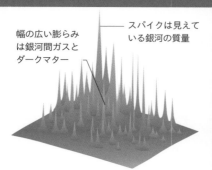

幅の広い膨らみは銀河間ガスとダークマター

スパイクは見えている銀河の質量

ある銀河団の中の質量の分布

銀河団の進化

いろいろな形態の銀河が混ざっている初期の状態から衝突や合体によってより大きな銀河ができ、さらに楕円銀河（138-39頁参照）が優位になる。銀河団ができると銀河団の中のガスは高温になり、空間には高温のガスが充満する。

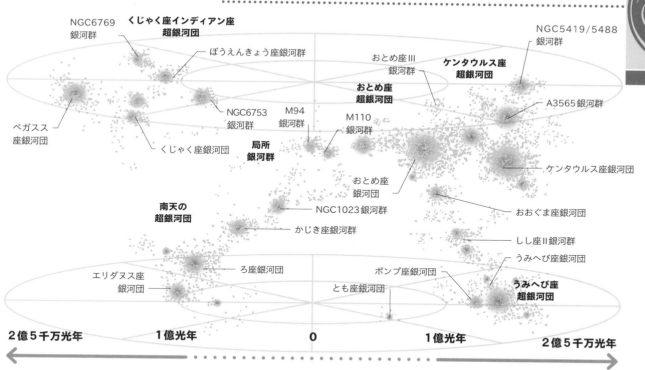

NGC6769
銀河群

くじゃく座インディアン座
超銀河団

ぼうえんきょう座銀河群

おとめ座III
銀河群

ケンタウルス座
超銀河団

NGC5419/5488
銀河群

おとめ座
超銀河団

NGC6753
銀河群

M94
銀河群

M110
銀河群

A3565銀河群

ペガスス
座銀河団

くじゃく座銀河群

局所
銀河群

ケンタウルス座銀河団

おとめ座
銀河団

おおぐま座銀河団

南天の
超銀河団

NGC1023銀河群

かじき座銀河群

しし座II銀河群

うみへび座銀河団

エリダヌス座
銀河団

ろ座銀河団

ポンプ座銀河団

とも座銀河団

うみへび座
超銀河団

2億5千万光年　　1億光年　　0　　1億光年　　2億5千万光年

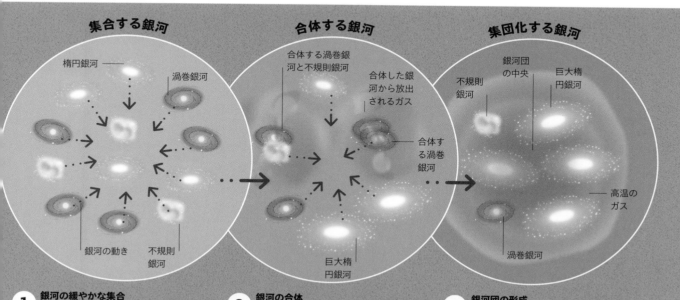

集合する銀河

楕円銀河

渦巻銀河

銀河の動き

不規則
銀河

合体する銀河

合体する渦巻銀
河と不規則銀河

合体した銀
河から放出
されるガス

合体す
る渦巻
銀河

巨大楕
円銀河

集団化する銀河

不規則
銀河

銀河団
の中央

巨大楕
円銀河

高温の
ガス

渦巻銀河

1 **銀河の緩やかな集合**
　緩やかで不均一な分布をしているいろ
いろな形の小さな銀河が、互いの引力によって全
体の重心に向かって移動し集団化が始まる。多
くの銀河がやがて衝突したり合体したりする。

2 **銀河の合体**
　銀河が衝突したり合体したりすると低温
の星間ガスがエネルギーを得て銀河から抜け出
し、水素を主とする高温の雲が銀河間空間を満
たす。

3 **銀河団の形成**
　古い星だけでガスのほとんどない巨大楕
円銀河が徐々に銀河団の中央に密集し、銀河に
含まれる星の全質量よりもはるかに大きな量の
銀河間ガスの球状の雲に包まれる。

ダークマター

バリオン物質とも呼ばれる普通の物質とは違って、電磁波（152-53頁参照）に影響を与えないので、全く観測できない物質がダークマターである。

ダークマターがあると考える証拠は？

ダークマターを直接観測することはできない。観測できるものがダークマターから受ける重力の影響を検出できるのでその存在がわかるだけである。ダークマターという考え方は、見えている銀河の重力だけでは銀河団が十分に安定にならないことから1930年代に初めて提案された。1970年代になって銀河の外縁部が見えないものに引っ張られているかのように超高速で回転していることがわかった。現代の研究者たちは、大きな暗黒の天体を検出するために重力レンズ効果を利用したり、星間雲がダークマターによって圧縮されることによる温度の上昇をX線で検出したりしている。

見えない質量はどれだけ？

宇宙にある全質量の約5％が普通の物質であると考えられている。足りない部分はダークマターと、さらによくわからないダークエネルギー（170頁参照）である。

ダークマター 26.8％

普通の物質 4.9％

ダークエネルギー 68.3％

重力レンズ効果

遠くの銀河からの光はその光路の途中にある銀河を通るときに重力によって曲げられる。遠方の銀河の像が重力によって歪められるこの現象を重力レンズ効果と呼ぶ。ダークマターはその効果を増強するので、ダークマターの存在が明らかになるとともにその分布を見ることが可能になる。

地球上の望遠鏡

ダークマターの検出装置を地下深くに埋めるのはなぜ？

宇宙空間から地球にやってくる宇宙線の影響を避けてダークマターを検出し易くするために装置は2km近くの地下に埋められる。

銀河団

銀河団がレンズのように働いて光は観測者の方へ屈折する

銀河団には重力レンズの作用をする大量のダークマターが含まれている

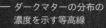

ダークマターの分布の濃度を示す等高線

ダークマターの分布

遠方の銀河の歪んだ像をソフトウェアで解析すると、途中にある銀河団のダークマターの分布を可視化できる。

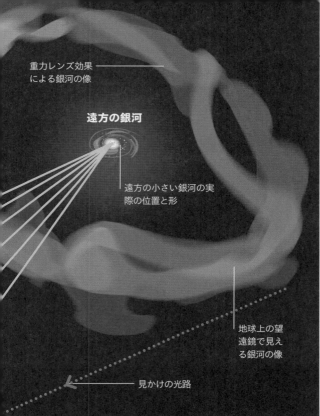

重力レンズ効果
による銀河の像

遠方の銀河

遠方の小さい銀河の実
際の位置と形

地球上の望
遠鏡で見え
る銀河の像

見かけの光路

ダークマターの候補

研究者たちは2種類のダークマターの候補を想定している。
MACHOはたまたま光を放射しない普通のバリオン物質（3
個のクォークでできている陽子や中性子など）でできた大
きな物質である。しかし、これはおそらくダークマター全
体の数%しかない。現在考えられているのは、この宇宙は
ほとんど光と相互作用をしないバリオンではないWIMPの
粒子の海に浸かっているのではないかということである。

ダークマター候補	
MACHO	**WIMP**
質量が大きいがコンパクトなハロー領域の物質という意味の英語からMACHOと呼ばれる高密度な天体があり、ほとんど光を発しないので重力レンズでしか観測できない。ブラックホールや褐色矮星も含まれるが、ダークマターの総質量には足りない。	他の物質とわずかしか相互作用をしない質量の大きな粒子という意味の英語からWIMPと呼ばれ、普通の物質には何も影響を与えずに通過してしまう。
	熱いダークマター / **冷たいダークマター**
	考えられているダークマターのうちほとんど光速で移動する粒子。 / WIMPのようなダークマターは低温でゆっくり動くと考えられている。

ダークマター検出装置によっては絶対零度(-273℃)付近まで冷却しなければならないものもある

ダークマターの探索

もしダークマターが重力としか相互作用をしない粒子であ
れば、検出はとても難しい。宇宙でのダークマターの影響
を探るだけではなく、研究者たちは地下深いところに不活
性元素の液体を入れた低温槽を埋めてアクシオンと呼ばれ
る冷たいダークマター粒子を検出しようと試みている。

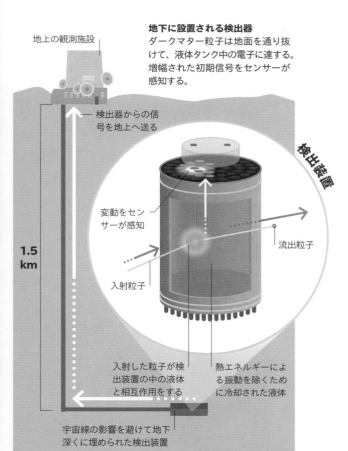

地上の観測施設

地下に設置される検出器
ダークマター粒子は地面を通り抜
けて、液体タンク中の電子に達する。
増幅された初期信号をセンサーが
感知する。

検出器からの信
号を地上へ送る

検出装置

変動をセン
サーが感知

流出粒子

1.5
km

入射粒子

入射した粒子が検
出装置の中の液体
と相互作用をする

熱エネルギーによ
る振動を除くため
に冷却された液体

宇宙線の影響を避けて地下
深くに埋められた検出装置

宇宙の姿

この50年間の宇宙論の研究によって宇宙の姿を
これまでになく詳しく描けるようになった。強力
な観測によって宇宙の隅々まで見分けることがで
きるようになり、さまざまな構造を理解できるよ
うにもなった。

宇宙の**大規模構造（コズミックウェ
ブ）**の中で知られている**最大のボイ
ドは直径20億光年**

宇宙原理

大きなスケールで見れば宇宙はどこでも同じ、
つまり物質は一様に広がり、同じ法則に従っ
ている、というのが宇宙原理である。観測者
がどこにいても、どちらを向いても宇宙は同
じに見える。これを均質で等方的であるとい
い、それならば宇宙のあるところで観測され
ることは他のどこでも同じはずで、単にスケー
ルが違うだけと言える。しかし最近の観測
からは本当に均質であるかどうかについての
疑問が投げかけられている。

フィラメントとボイド

宇宙はまるで広大なクモの巣のようにな
っていて、星や銀河はすべて糸のような
フィラメントや板のようなウォールの上
にある。その間は暗く何もないボイドで
ある。

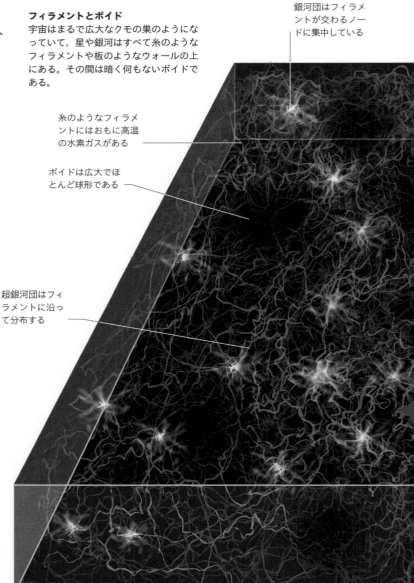

銀河団はフィラメ
ントが交わるノー
ドに集中している

糸のようなフィラメ
ントにはおもに高温
の水素ガスがある

ボイドは広大でほ
とんど球形である

超銀河団はフィ
ラメントに沿っ
て分布する

400万光年

天の川
銀河

アンドロ
メダ銀河

1億
5000万光
年

複数の銀河が銀河
団にまとまってい
るように見える

15億
光年

銀河の分布
には細かい
構造はない

スケールと構造

理論によれば、全体を遠くから見るような最大のスケー
ルでは細かい構造は何も見えなくて均質であり、拡大し
て小さなスケールで見たときにだけ構造に違いが現れる。

宇宙でもっとも 大きな構造は？

銀河が構成する構造で、これまでに確認されたもっとも大きなものはスローングレートウォールと呼ばれ、長さは約15億光年、地球から10億光年のところにある。

スカイサーベイ（掃天観測）

宇宙の大規模構造に関する知見の多くは観測可能な宇宙（160-61頁参照）の探索でできた3D地図に基づいている。2020年にスローンデジタルスカイサーベイ（SDSS）によってこれまででもっとも詳細で大きな、宇宙の歴史を110億年も遡る地図が作成された。

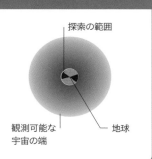

探索の範囲

観測可能な
宇宙の端

地球

大規模構造

宇宙は星や銀河をでたらめに集めたものではない。宇宙に広がった銀河やガスの集団をつなぐフィラメントやウォールと、その間の奇妙な形の大きなボイドでできた大規模構造が宇宙である。これらから宇宙の泡のような構造ができている。しかし、観測者が可能な限り遠くから見ようとしてもその構造がどれだけ大きいかについては知ることには限界があるかもしれないと考えられている。これは「大規模構造の限界」と呼ばれることもある。

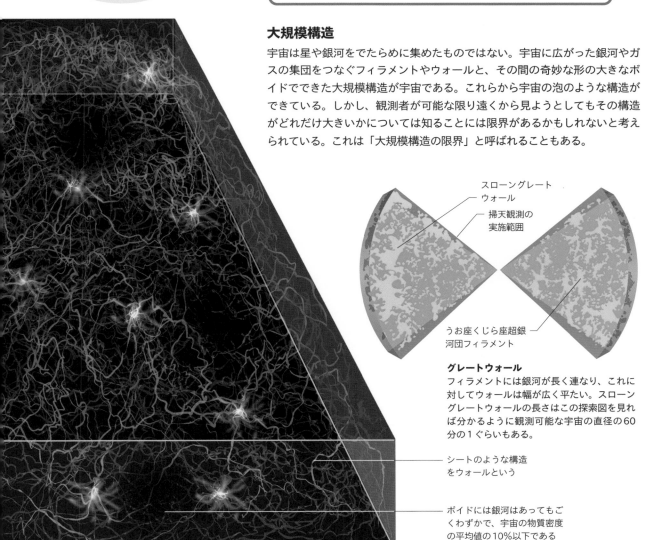

スローングレート
ウォール

掃天観測の
実施範囲

うお座くじら座超銀
河団フィラメント

グレートウォール

フィラメントには銀河が長く連なり、これに対してウォールは幅が広く平たい。スローングレートウォールの長さはこの探索図を見れば分かるように観測可能な宇宙の直径の60分の1ぐらいもある。

シートのような構造
をウォールという

ボイドには銀河はあってもごくわずかで、宇宙の物質密度の平均値の10%以下である

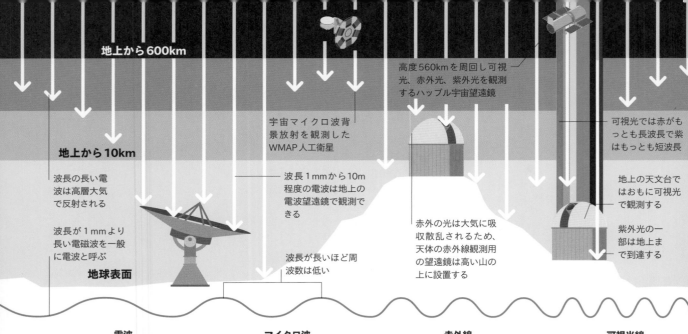

地上から600km

高度560kmを周回し可視光、赤外光、紫外光を観測するハッブル宇宙望遠鏡

宇宙マイクロ波背景放射を観測したWMAP人工衛星

可視光では赤がもっとも長波長で紫はもっとも短波長

地上から10km

波長の長い電波は高層大気で反射される

波長1mmから10m程度の電波は地上の電波望遠鏡で観測できる

赤外の光は大気に吸収散乱されるため、天体の赤外線観測用の望遠鏡は高い山の上に設置する

地上の天文台ではおもに可視光で観測する

波長が1mmより長い電磁波を一般に電波と呼ぶ

紫外光の一部は地上まで到達する

地球表面

波長が長いほど周波数は低い

電波
恒星、銀河、電波銀河、クエーサー、パルサーなどはすべて電波源である。

マイクロ波
ビッグバンの残照と言われる宇宙背景放射はマイクロ波として観測される。

赤外線
赤外線は熱線であり、暗い銀河や褐色矮星、星雲、星間分子などからも放射されている。

可視光線
多くの恒星や星雲から放射され惑星や雲で反射される可視光には多くの情報が含まれている。

宇宙から来る光

私たちの目に見える電磁波を光、あるいは可視光と呼んでいる。あらゆる物質は電磁波を放射しているので、星のような遠方の天体からの電磁波を解析すれば、宇宙に関する知見を得ることができる。

宇宙空間の光

可視光を含む電磁波は全て同じ速度、秒速29万9,792kmで空間を直進する。電磁波のエネルギーはその波長に反比例し、波長が短いほどエネルギーは高い。光には質量はないけれども、何かに当たれば、吸収、反射、屈折などが起こる。また、強い重力場（154-55頁参照）によって曲がった空間ではその進路が曲げられることもある。光源からの光は全方向へ広がるので遠くに届く光の量は少なくなり、遠方の銀河は地球からは暗く見える。

光源

光の波

面積が4倍に広がるので1つの面積当たりの光の強度は4分の1になる

光源から距離1のところで面積1を光が通過する

逆2乗の法則
1点から出た光は進むに従って広がるので、ある点に届く光は光源からの距離の2乗に反比例して弱くなる。進む距離が2倍になれば光の到達する面積は4倍に、その位置での明るさは4分の1になる。これが逆2乗の法則で、星までの距離の計算にも使われている。

光源からの距離が2倍になれば面積1の4倍に光は広がる

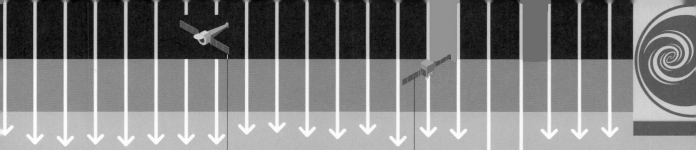

放射と地球大気
宇宙からの放射の中にはまっすぐに地球大気を透過して地表に達するものもあるが、大気に吸収されて大気の上空や宇宙空間でしか観測できないものもある。

平均高度およそ10万kmの軌道上でX線画像を得るチャンドラX線観測衛星

フェルミ宇宙望遠鏡は軌道高度550kmのガンマ線観測用人工衛星

空気シャワーのガンマ線は高地に設置したタンクの純水中で検出できる

波動の山から次の山までが波長

周波数が高いほど波長は短い

ガンマ線の波長はおよそ0.01nm以下

紫外線
白色矮星、中性子星、セイファート銀河などの高温の天体は紫外線を放射しているが、地球大気のオゾン層により吸収されてしまう。

X線
X線は連星系やブラックホール、中性子星、銀河の衝突、高温のガスの解析などに有効である。

ガンマ線
太陽フレアや中性子星、ブラックホール、星の爆発、超新星残骸などからガンマ線が放射される。

電磁波のスペクトル

電磁波の波長は超長波と呼ばれる周波数の低い電波からマイクロ波、赤外線、可視光、紫外線を経てX線、ガンマ線というきわめて高い周波数で短い波長まで幅広いスペクトルをもつ。星や銀河はこのような電磁波をさまざまに放射している。人の目には可視光しか見えないが、各種の望遠鏡でその他の波長を検出し観測でき、多くの知見が得られる。

ガンマ線のエネルギーは可視光の10万倍にもなる

光より速いものはある？
アインシュタインの特殊相対性理論によれば、光の速度が普通の物質や放射の速度の最大値である。

粒子か波動か

可視光などの電磁波は光子（フォトン）と呼ばれるエネルギーの粒子として放射される。光子1個が離散的な放射の最小単位で、量子とも呼ばれる。光子は状況に応じて粒子とも波動とも理解される。光のこのような二面性は波動と粒子の二重性とも呼ばれる。

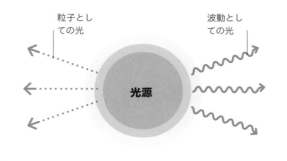

粒子としての光

波動としての光

光源

時空

空間の３次元と時間を合わせた４次元の枠組みを時空と呼ぶ。物体が空間と同じように時間をどう移動するかがこの時空という考え方で明らかになる。その考え方によって重力の理解も変化してしまった。

時空とは何か？

時空の考え方では時間と空間は別の枠組みではないということを科学者はよくゴムの板に例える。板は２次元だけれども４次元の時空を表現し、空間と同じように時間も曲がるということを見せてくれる。アルバート・アインシュタインは一般相対性理論で、質量のある物体によって時空が歪められることを示した。物体の質量が増えると、歪みは大きくなる。この歪みが宇宙の、光をも含むあらゆるものの動き方を制御している。アインシュタインの認識によれば、このような歪みが物体の動き方に与える影響が重力なのである。

時空における点と点との最短距離を表す測地線と呼ばれる仮想的な線に沿って物体は動く

時空を表現する柔軟なシート

近づく彗星

太陽の質量によって歪められた空間では測地線はカーブし、測地線に沿って運動する惑星などの物体は重力によって方向を変える

地球の軌道

空間がカーブしていると地球は太陽の方へ落ちていきそうだが、慣性があるので太陽の方へ落ちることはなく、太陽を周回する軌道を描く

地球

曲がった時空
質量の大きな太陽は、ゴム板の上の重いボールのように時空を歪める。太陽の重力の場の中を運動する地球や彗星のような天体や、光さえも太陽の方へ曲げられてしまう。

重力波

アインシュタインは1916年に、質量があって加速している物体は時空に波を起こす、と予想した。科学者たちは現在、重力波と呼ばれるこの波は宇宙での超新星爆発や中性子星とブラックホールの衝突のような大激変の際に発生し、その発生点から光速でやってくると考えている。検出は難しいけれども、将来、電磁波に変わってブラックホールやダークマターなどを観測する手段になる可能性がある。

ブラックホールからの波

2015年、13億光年の彼方での２つのブラックホールの衝突による波が地球上でレーザー干渉計を用いて検出され、重力波の存在が確認された。

質量は太陽の20倍でもはるかに小さいブラックホール

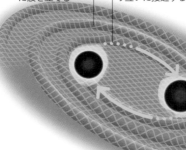

高速になったブラックホールは時空に波を立てる

ブラックホールの動きはだんだん速くなり互いに接近する

1 ブラックホールの衝突
２つのブラックホールは崩壊した巨星の残骸で、互いに接近しながら相手の周りを、さざなみを立てることもなくおそらく何百万年も回り続けていた。

2 周回の速度が上がる
ブラックホールが互いに近づき、周辺の時空に重力波を送り始めた。それによってエネルギーを放出し、さらに軌道は近づき速度は上がった。

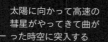

太陽に向かって高速の彗星がやってきて曲がった時空に突入する

光線は時空の歪みによって偏向するので、星からの光は宇宙の違う方向から来ているように見える

星の実際の位置

測地線の間隔は質量の大きい物質に近いほど大きい

星の見かけの位置

太陽

近くで見れば測地線はまっすぐに見える

太陽は太陽系内では最大の物体なので、この周辺の物体の運動はすべて太陽がどのように時空をゆがめているかに影響されている

地球上で観測する光は観測者に対してまっすぐ来たように見える

時間は常に同じように経過する?

いいえ、速く動いている時計は静止している時計よりもゆっくりと時を刻む。光速の87%の速度で航行する宇宙船内の時計の進み方は地球上の時計の半分の速さである。

アポロ宇宙船のミッションはアインシュタインではなくニュートンの運動と重力の法則によって計画された

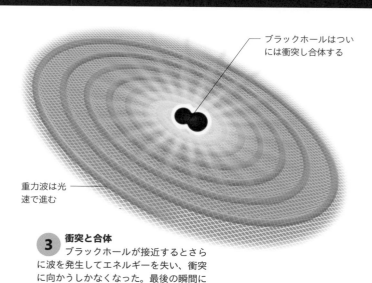

ブラックホールはついには衝突し合体する

重力波は光速で進む

③ 衝突と合体
ブラックホールが接近するとさらに波を発生してエネルギーを失い、衝突に向かうしかなくなった。最後の瞬間に強力な衝撃波が時空に発射された。

ニュートンの万有引力

ニュートンによれば、すべての物体には互いの間に引力が働き、地球は重力と遠心力のバランスでその軌道にとどまっている。

地球は重力に引かれてカーブした経路で太陽の方へ落下していく

地球は太陽に引っ張られる力と同じ大きさの力で太陽を引っ張っている

地球

太陽の引力の方向

太陽の引力がなくなれば、地球はそのまま直進する

過去を見るということ

私たちの見上げる星も銀河もはるか彼方にある。遠くの星や銀河を見るということは、光がその星や銀河を出発したときの姿を、時間を遡って見ているということである。

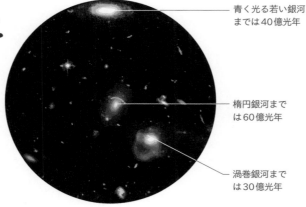

青く光る若い銀河までは40億光年

楕円銀河までは60億光年

渦巻銀河までは30億光年

深宇宙の観測
ハッブル宇宙望遠鏡による数十億光年も遠方の銀河の画像は、数十億年も前の銀河の姿を見せてくれている。

ルックバックタイム

光は秒速およそ30万kmという何よりも大きな速度で移動するが、それでも瞬時に届くわけではない。遠くの天体ほど光の到着には時間がかかるので、私たちはそれだけ時間を遡って見ていることになる。ある天体までの距離（160-61頁参照）を測ることは、その光が地球に届くまでにどれだけ時間かかったかというルックバックタイムを測ることである。

遠い過去の観測

肉眼で見えるもっとも遠い天体の1つはアンドロメダ銀河である。およそ250万光年という遠いところの銀河の250万年前の姿を見ているというわけである。ハッブル宇宙望遠鏡を使えば数十億光年も離れた天体を観測できて、数十億年前の天体の姿を見ることができる。そのような遠方の天体からの光は赤方偏移をしているので（159頁参照）、赤外光の領域でしか観測できないこともある。

はるかな距離とはるかな過去
太陽系の中のような近い天体からの光でも、地球に届くには測定できるほどの時間がかかる。太陽からの光は8分以上、月からでも1.3秒かかる。

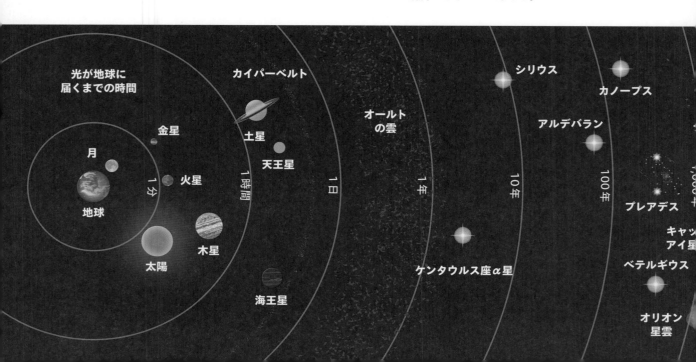

光が地球に届くまでの時間

カイパーベルト

オールトの雲

シリウス

カノープス

アルデバラン

金星

土星

月

天王星

1分

火星

1時間

1日

1年

10年

100年

地球

プレアデス

太陽

木星

キャッツアイ星

ケンタウルス座α星

ベテルギウス

海王星

オリオン星雲

初期の宇宙

宇宙のもっとも初期のようすを直接に見ることはできないけれども、大型ハドロン衝突型加速器のような粒子加速器を使って粒子を衝突させ、ビッグバンの直後と考えられる状態を再現することによってそのようすを研究することができる。

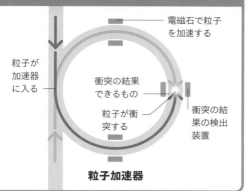

電磁石で粒子を加速する

粒子が加速器に入る

衝突の結果できるもの

粒子が衝突する

衝突の結果の検出装置

粒子加速器

GN-z11銀河 はこれまでに観測された**最遠の天体**の1つであり、私たちはその**134億年前**の姿を見ている

宇宙の始まりを観測する限界は？

光の粒子である光子は初期の宇宙では自由に飛び回ることはできなかったので、直接観測することはできない。ビッグバンから38万年後の再結合期（164-65頁参照）と呼ばれる時期に光子は自由に動けるようになった。これらの光子が宇宙マイクロ波背景放射となり、検出可能な最古の電磁波となっている。

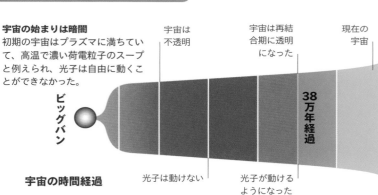

宇宙の始まりは暗闇
初期の宇宙はプラズマに満ちていて、高温で濃い荷電粒子のスープと例えられ、光子は自由に動くことができなかった。

宇宙は不透明

宇宙は再結合期に透明になった

現在の宇宙

ビッグバン

38万年経過

宇宙の時間経過

光子は動けない

光子が動けるようになった

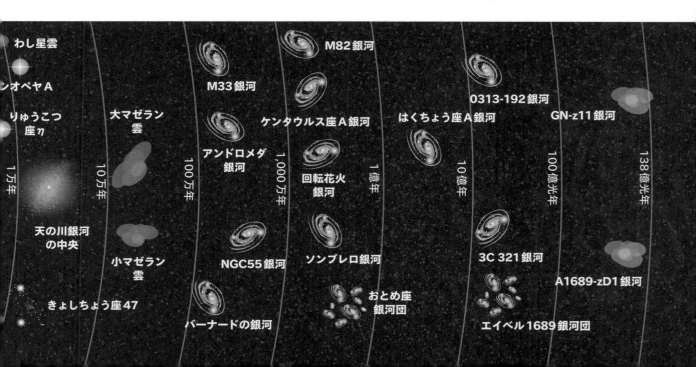

わし星雲

M82銀河

ンオペヤA

M33銀河

0313-192銀河

りゅうこつ座η

大マゼラン雲

ケンタウルス座A銀河

はくちょう座A銀河

GN-z11銀河

1万年

10万年

100万年

アンドロメダ銀河

1,000万年

回転花火銀河

1億年

10億年

100億光年

138億光年

天の川銀河の中央

小マゼラン雲

NGC55銀河

ソンブレロ銀河

3C 321銀河

A1689-zD1銀河

きょしちょう座47

バーナードの銀河

おとめ座銀河団

エイベル1689銀河団

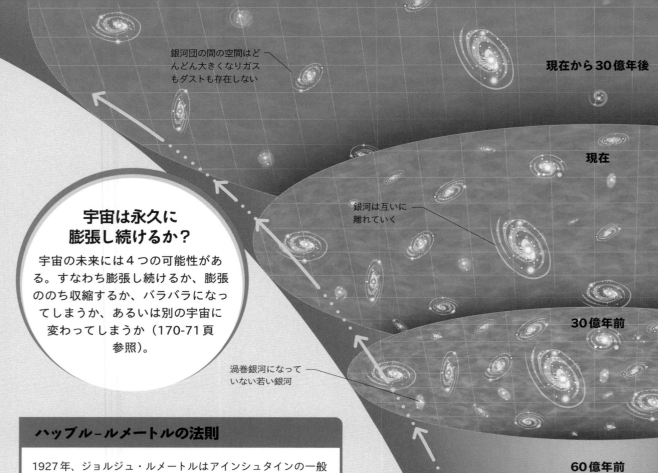

銀河団の間の空間はどんどん大きくなりガスもダストも存在しない

現在から30億年後

現在

銀河は互いに離れていく

30億年前

渦巻銀河になっていない若い銀河

60億年前

密集した銀河

まだ銀河に組み込まれていないダストやガス

初期の宇宙は急速に膨張した

宇宙は永久に膨張し続けるか？

宇宙の未来には4つの可能性がある。すなわち膨張し続けるか、膨張ののち収縮するか、バラバラになってしまうか、あるいは別の宇宙に変わってしまうか（170-71頁参照）。

ハッブル−ルメートルの法則

1927年、ジョルジュ・ルメートルはアインシュタインの一般相対性理論から宇宙が膨張していることを導き、銀河の赤方偏移を説明した。同じ頃、エドウィン・ハッブルはセファイド変光星の観測結果からいくつかの銀河までの距離を求め、天の川銀河から遠い銀河ほど速く遠ざかっていることを発見した。これが、銀河の速度が銀河までの距離に比例しているというハッブル−ルメートルの法則であり、その比例係数であるハッブル定数が宇宙の膨張の割合を示している。

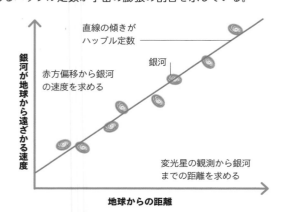

直線の傾きがハッブル定数

銀河

赤方偏移から銀河の速度を求める

銀河が地球から遠ざかる速度

変光星の観測から銀河までの距離を求める

地球からの距離

宇宙の膨張

今日の膨張宇宙から時間を遡ると、宇宙はずっと小さくなる。時間を戻せば戻すほど、宇宙は小さくなり、すべてはビッグバンにたどり着く（162-63頁参照）。

空間は膨張している
けれども宇宙にある
天体の大きさは変わ
らない

膨張する宇宙

表面に小さな水玉模様のある風船が膨らむときのよう
に、宇宙にある物体の間の距離は時々刻々と大きくなって
いる。それは宇宙の空間そのものが膨張しているからである。
その膨張の割合が加速していることも分かっているが、その理
由やその正確な割合はまだ分かっていない。

宇宙の膨張とは

銀河やその他の天体は宇宙空間の中での互いの配置を変えることはない。
局所的に見れば天体は互いの引力が十分に強ければ互いに向かって動くかも
しれないけれども、空間そのものはすべての物体を引き連れて膨張している。
宇宙の膨張速度の計算には、宇宙マイクロ波背景放射（164-65頁参照）を使う
方法と、ある天体からの光の赤方偏移を測定する方法の2通りある。計算の方法に
もよるが、宇宙は距離100万光年当たり秒速およそ20kmで膨張しているというの
が一般に受け入れられている数値でハッブル定数と呼ばれている。つまり遠くの宇宙
ほど速く膨張し離れていく。

相対運動と波長
天体と観測者が互いに動いていな
ければ、観測者は天体の発する
光を真の波長で見ているが、互い
に離れる方向に動くと観測される
波長は長くなり（赤方偏移）、近
づくときには逆に波長は短くなる
（青方偏移）。下図には比較のため
に背景の連続スペクトルを示して
いる。

（左上図ラベル）
渦巻銀河に
なった銀河

加速的に膨
張する宇宙

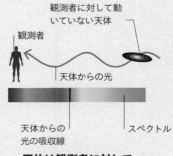

観測者に対して動
いていない天体

観測者

天体からの光

天体からの
光の吸収線

スペクトル

**天体は観測者に対して
静止している**

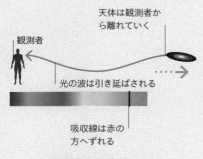

天体は観測者か
ら離れていく

観測者

光の波は引き延ばされる

吸収線は赤の
方へずれる

**観測者と天体が
離れていく**

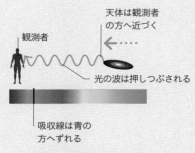

天体は観測者
の方へ近づく

観測者

光の波は押しつぶされる

吸収線は青の
方へずれる

観測者と天体が近づく

天体までの距離

宇宙のどこかにある天体までの現在の距離を固有距離という。宇宙は膨張しているので、その天体から発せられた光が実際に地球までやってくる距離である共動距離よりも固有距離の方が大きい。しかし天文学で示される天体までの距離は共動距離であることが多い。宇宙の膨張率（158-59頁）が分からなければ正しい固有距離は求められないし、正確な膨張率は分かっていないからである。

共動距離と固有距離

天体から発せられた光が現在の地球までやってくる距離が共動距離、現在の天体の位置までの本当の距離が固有距離である。宇宙は膨張しているので固有距離は共動距離よりも長い。

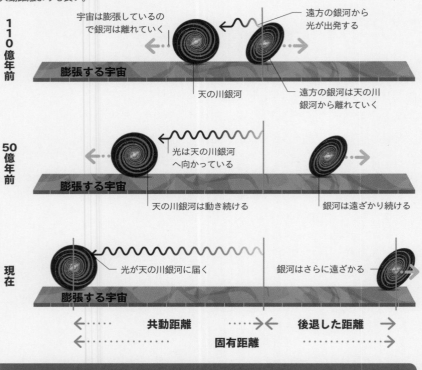

110億年前

宇宙は膨張しているので銀河は離れていく

遠方の銀河から光が出発する

天の川銀河

遠方の銀河は天の川銀河から離れていく

50億年前

光は天の川銀河へ向かっている

天の川銀河は動き続ける

銀河は遠ざかり続ける

現在

光が天の川銀河に届く

銀河はさらに遠ざかる

共動距離

後退した距離

固有距離

現在の宇宙で理論的に観測可能なもっとも遠い距離

465億光年

観測可能な範囲の外

観測できるもっとも遠い銀河

2016年にハッブル宇宙望遠鏡で観測されたGN-z11は地球から観測されたもっとも遠い銀河である。ビッグバンの4億年後にできて、共動距離134億光年のところにある。その光が地球に届くまでの間に宇宙は膨張したので、現在GN-z11銀河は地球からの固有距離が320億光年のところにあると考えられている。

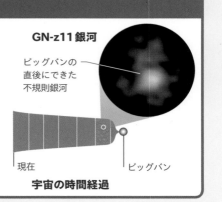

GN-z11 銀河

ビッグバンの直後にできた不規則銀河

現在

ビッグバン

宇宙の時間経過

宇宙はどこまで
見える？

宇宙はビッグバンで始まって以来、膨張を続けている。宇宙は無限に広いかもしれないけれども、宇宙の果てから光が届く十分な時間が経過していないので、私たちはすみずみまでを見ることはできない。

観測可能な宇宙

地球から465億光年の範囲を観測可能な宇宙という。この球形の領域内からの光は、宇宙の年齢である138億年以内に地球に届いているので見ることが可能である。観測可能な宇宙の大きさの限界は遠方を観測する技術のせいではなく、宇宙に年齢があり、光速が有限なことで決まっている。これはどちらも基本的な宇宙の性質であり、それを乗り越えることはできない。

観測の限界

地球を中心として観測可能な宇宙は直径およそ930億光年の球形である。天体からの光が地球に到達する間にも宇宙が膨張するので、現在138億光年以上の固有距離にある天体も観測できるのである。下の図では距離を比較するために遠くの天体を同じ直線の上に並べている。

観測可能な宇宙の外縁は宇宙光の地平面と呼ばれている

現在知られている最遠の銀河GN-z11までの推定の固有距離は320億光年

現在知られている最遠の超新星SN1000+216までの推定の固有距離は230億光年

現在知られている最遠のクエーサー ULASJ1342+0928までの推定の固有距離は290億光年

現在知られている最遠の恒星は重力レンズ現象で発見されたイカロスMACSJ1149で推定の固有距離は144億光年

138億光年

地球

観測可能な最遠（つまり共動距離が最大）の天体が138億年前に光を発した位置

観測可能宇宙の外縁

600億光年以上も離れたところからの光が地球に届くことはない

ビッグバン

今、宇宙には恒星や惑星、銀河などが満ちあふれているが、およそ138億年前に宇宙は無限に小さな点として始まり、膨張を始めて、現在もなお膨張は続いている。

始まり

宇宙の膨張を巻き戻すと、特異点と呼ぶ極めて小さな空間にすべて詰め込まれる。この超高温、超高密度の始まりをビッグバンと呼んでいる。最初のごく短い時間に特異点は光速よりも速い速度で拡大し、宇宙は粒子と反粒子の海になった。この期間をインフレーションと呼んでいる。宇宙はそれから速度を落として膨張を続け、進化して今日私たちが知っている宇宙になった。

宇宙の誕生

ビッグバンは宇宙の爆発ではなく、1つの点からの信じられない速さでの膨張である。現在の宇宙のあらゆるものはその点にあった。それが、ビッグバンはすべての場所で同時に起こった、と天文学者たちが語る理由である。

4つの基本的な力

ビッグバンの瞬間にはエネルギーしかなく物質は存在しなかった。現在では4つの基本的な力が働いているが、最初は1つの力に統合されていた。4つの力は順に分かれてビッグバンの10^{-12}秒後には完全に分離した。

ビッグバンの前には何があった？

ビッグバンは時間も含むすべての始まりだとふつうは信じられているので、時間の開始より前の時間について語ることは意味がない。

最初の基本的な力である重力が現れた

ビッグバン

宇宙は特異点という極めて小さくて高温で高密度の点から始まった

ビッグバンの10^{-43}秒後

インフレーションが始まり、宇宙はとんでもない速度で膨張した

ビッグバンの10^{-36}秒後

インフレーションが終わって粒子と反粒子の海ができた

クォーク

反クォーク

グルーオン

ビッグバンの10^{-32}秒後

ビッグバンの10^{-12}秒後

電子

光子

陽電子

今、もし宇宙の始まりと同じような**インフレーション**が起こったら、**1つの細胞**が膨張して**観測可能な宇宙よりも大きく**なるかもしれない

力の分離

4つの基本的な力、すなわち粒子の相互作用を支配する強い核力と電磁気力と重力、それに放射性崩壊に関係する弱い核力はもともと1つの力であったものがビッグバン直後に分離したと考えられている。その分離がどのように起こったのかはまだ詳しく解明されてない。

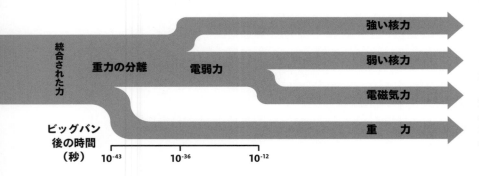

強い核力

弱い核力

電磁気力

重　力

統合された力

重力の分離

電弱力

ビッグバン後の時間（秒）　　10^{-43}　　10^{-36}　　10^{-12}

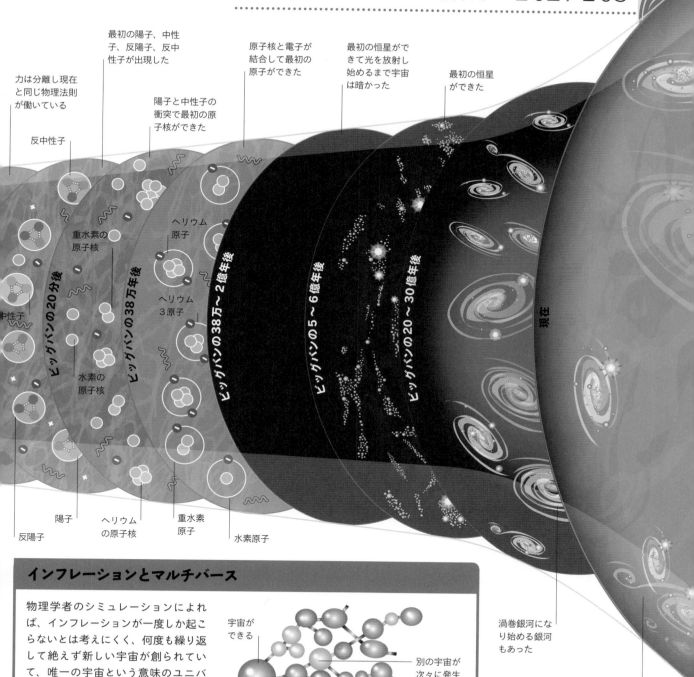

力は分離し現在と同じ物理法則が働いている

反中性子

最初の陽子、中性子、反陽子、反中性子が出現した

陽子と中性子の衝突で最初の原子核ができた

原子核と電子が結合して最初の原子ができた

最初の恒星ができて光を放射し始めるまで宇宙は暗かった

最初の恒星ができた

重水素の原子核

ヘリウム原子

ヘリウム3原子

水素の原子核

中性子

ビッグバンの20分後

ビッグバンの38万年後

ビッグバンの38万〜2億年後

ビッグバンの5〜6億年後

ビッグバンの20〜30億年後

現在

陽子

ヘリウムの原子核

重水素原子

水素原子

反陽子

渦巻銀河になり始める銀河もあった

宇宙は膨張を続けている

インフレーションとマルチバース

物理学者のシミュレーションによれば、インフレーションが一度しか起こらないとは考えにくく、何度も繰り返して絶えず新しい宇宙が創られていて、唯一の宇宙という意味のユニバースではなく、宇宙はマルチバース（多元宇宙）であるらしい。この考え方にはまだ議論が続き、実験や観測で確かめる方法が見つかっていない。

宇宙ができる

別の宇宙が次々に発生してマルチバースとなる

マルチバース

① 不透明な宇宙

ビッグバンからおよそ38万年間、光子は電子や陽子などの粒子に跳ね返されて長く移動できず、宇宙は不透明であった。

電子

陽子

光子は粒子に散乱される

光子

小さくて高温の初期宇宙

再結合

初期の宇宙は、陽子と電子が結合して原子になるには温度が高すぎ、光子が自由に動き回るには粒子の密度が高すぎた。やがて宇宙は膨張して温度が下がり、密度も低くなった。ビッグバンの38万年後に、温度と密度が十分に下がって再結合の時代が始まり、陽子と電子は結合して水素原子になった。こうして光子が自由に動けるようになった現象を宇宙の晴れ上がりと呼んでいる。

CMB（宇宙マイクロ波背景放射）の起源

再結合の後、宇宙は小さな原子（ほとんどは水素、ごく少量のヘリウムとリチウム）で満たされた。原子はそれまでの高密度のプラズマのように光子の運動を妨げることはなく、光子は自由に動き始めた。その光子が現在CMBとして観測されている。

現在あらゆるところに平均温度 −270.425 ℃（2.725K）のCMBが満ちている

② 再結合

宇宙が冷えて、陽子と電子は結合して原子、おもに水素原子となる。光子は粒子に散乱されずに自由に直進でき、宇宙は透明になった。

水素原子

光子

自由に動ける光子

宇宙は膨張し温度が下がる

③ 宇宙マイクロ波背景放射

光子は空間を自由に飛び回るが、宇宙の膨張のために時間と共にエネルギー、つまり温度が下がった。宇宙が晴れ上がったこの時点の光子がCMBである。

水素原子

宇宙の膨張につれて光子はエネルギーを失う

光子

宇宙はさらに膨張する

最古の光

宇宙のはじまりは不透明だった。最初の原子ができてはじめて、光は自由に動けるようになった。この時期の放射の名残が宇宙マイクロ波背景放射（CMB）で、私たちが観測できる最古の光である。

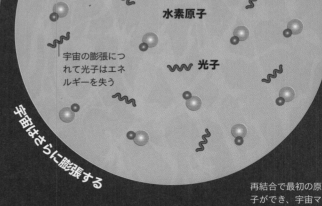

最初の陽子と中性子ができた

最初の原子核ができた

再結合で最初の原子ができ、宇宙マイクロ波背景放射が発生した

ビッグバン

10^{-6}秒後

20分経過

38万〜2億年経過

138億年経過

宇宙の時間経過

現在の宇宙

CMBの観測

1964年のCMBの発見以来、この放射を研究するためにさまざまな観測が実施された。もっとも完璧な画像は欧州宇宙機関のプランク衛星による2009年から2013年のデータを統合して作られた。CMBはどの方向を見てもほとんど同じであるが、1℃の1000分の1以下という温度のごく小さな揺らぎがある。それは宇宙創成直後に存在した密度の揺らぎを表している。その揺らぎはほんの小さな変化として始まったが、宇宙膨張につれて揺らぎも増大し、早期の宇宙で密度の大きかった部分がやがて銀河団のような巨大な構造に成長した。

最初期の放射
プランク衛星によって作られたこの図は全天を平面に投影している。温度の変化は初期宇宙の物質密度の不規則性に関係している。平均より温度の高いところは密度が高く、温度が低いところでは密度も低い。

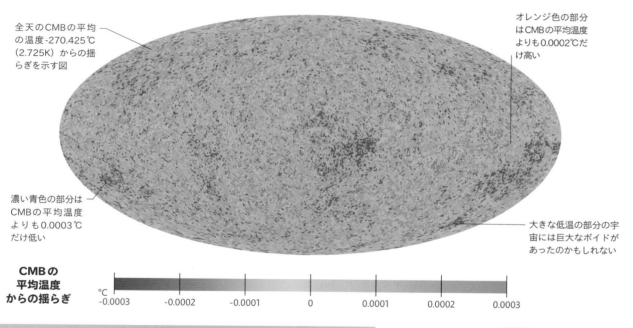

全天のCMBの平均の温度 -270.425℃（2.725K）からの揺らぎを示す図

オレンジ色の部分はCMBの平均温度よりも0.0002℃だけ高い

濃い青色の部分はCMBの平均温度よりも0.0003℃だけ低い

大きな低温の部分の宇宙には巨大なボイドがあったのかもしれない

CMBの平均温度からの揺らぎ

℃　-0.0003　-0.0002　-0.0001　0　0.0001　0.0002　0.0003

ビッグバン理論を支持する別の証拠

宇宙マイクロ波背景放射の存在は宇宙の起源に関するビッグバン理論が正しいとする強力な証拠となった。この理論を支持する観測結果は他にもある。

	膨張	宇宙は今も膨張し冷え続けていることがわかっている。つまり宇宙はビッグバン理論が述べているように、もともと現在よりずっと小さくて高温であったということである。
	元素	水素、ヘリウム、リチウムなどの軽い元素の現在の宇宙での存在割合は、ビッグバン理論の予想するものに一致している。
	夜空	もし宇宙が無限に大きく、無限の過去から続いているなら、夜空は限りなく明るいに違いない。これは事実に反していてオルバースのパラドックスと呼ばれている。宇宙の年齢は有限であるというビッグバン理論でこのパラドックスは解決する。

CMBはなぜそんなに低温なのか？

もともとCMBはもっと波長が短く、3,000℃に対応するほどエネルギーが高かった。宇宙が膨張し、電磁波の波長が引き伸ばされてエネルギーが低下し温度も下がったのである。

物質の始まり

ビッグバン後まもなくの頃、エネルギーにあふれた海から最初の粒子が出現した。その粒子が現在の宇宙の構成要素となっていく。

最初の原子核

宇宙の始まりは想像を絶するほどの高温で、物質とエネルギーは相互に交代が可能な形であった。宇宙が冷えるとクォークを含む素粒子が出現した。強い核力（162頁参照）がクォークを束縛して陽子と中性子を作り、それがすべての原子の原子核を構成することになった。

粒子と反粒子ができ、それが再結合して消滅し、エネルギーとわずかな物質粒子を残した

最初の陽子と中性子が出現

最初の原子が出現（再結合）

ビッグバン

10^{-32}～10^{-9}秒後

10^{-6}秒後

20分後

38万～2億年後

138億年後

宇宙の時間経過

最初の原子核が出現

現在の宇宙

コップに入れた水の中の**水素の原子核は宇宙の歴史の最初の数分間**に作られたもの

物質の起源

宇宙の誕生から20分後までに最初の原子核ができた。粒子と反粒子という形で物質も反物質もどちらも存在していた。

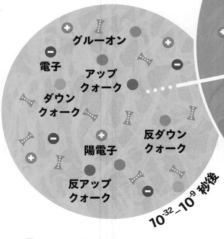

グルーオン

電子

アップクォーク

ダウンクォーク

陽電子

反ダウンクォーク

反アップクォーク

10^{-32}～10^{-9}秒後

陽子はアップクォークが2個とダウンクォークが1個

陽子（水素の原子核）

電子

反中性子

グルーオンはクォークを結合させる

反陽子などの反粒子を構成するのは反クォーク

陽電子

反陽子

中性子は2個のダウンクォークと1個のアップクォーク

中性子

10^{-6}秒後

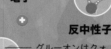

ヘリウム3の原子核

① 粒子と反粒子の形成
最初のクォークと反クォークが、クォーク時代と呼ばれる短い期間にエネルギーの海から発生した。その後、レプトン生成と呼ばれる過程で最初の電子と陽電子も出現した。

② 複合粒子の形成
クォークが強い核力を媒介するグルーオンで結合されて複合粒子である陽子と中性子になった。陽子は正の電荷を帯び、中性子は電荷を帯びていない。

反粒子はいったい どうなったのか？

物質と反物質はほとんど同じ量だけで来たが、現在私たちが目にするものはすべて物質である。物質の方が残るという均衡の崩れが起こった理由はわかっていない。

最初の原子

正電荷をもつ 1 個の原子核が 1 個以上の電子に取り囲まれ電磁気力で結びついて 1 個の原子となる。ビッグバンから数分以内には最初の原子核ができたが、宇宙が十分に低温となって再結合の過程で電子が原子核とともに最初の 3 種類の元素の原子となったのは 38 万年後だった。

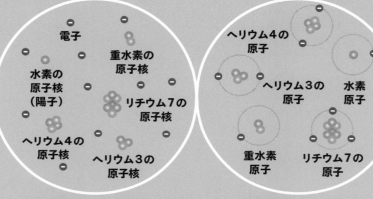

①　ばらばらの原子核と電子
何万年もの間、原子核と電子は高速で動く粒子でできた高温のプラズマの中で別々に存在していた。

②　原子の形成
やがて温度がさらに下がって、電子は原子核に結合しヘリウム、水素、重水素、リチウムの元素となった。

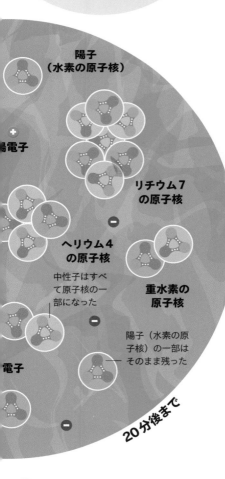

陽子（水素の原子核）

陽電子

リチウム 7 の原子核

ヘリウム 4 の原子核

中性子はすべて原子核の一部になった

重水素の原子核

電子

陽子（水素の原子核）の一部はそのまま残った

20 分後まで

③　原子核の形成
水素の原子核は 1 個の陽子の形ですでに存在していた。陽子と中性子の衝突でヘリウム 4 の原子核や少量のヘリウム 3、重水素、リチウム 7 の原子核ができた。

物質を構成する粒子

物質を構成する原子は陽子、中性子、電子からできている。電子は素粒子であって、より小さな粒子でできているわけではない。しかし陽子と中性子はクォークおよびグルーオンという素粒子から構成されていて複合粒子である。原子核や原子も複合粒子である。素粒子、複合粒子には対応する反粒子がある。

アップ クォーク　**ダウン クォーク**

電子　**グルーオン**

光子　**ヒッグス 粒子**

素粒子
物質はクォークと電子やニュートリノから構成される。グルーオンや光子が物質粒子間の相互作用を伝達し、ヒッグス粒子が光子以外の粒子に質量を与える。

 陽子　 **中性子**

複合粒子
素粒子から構成された陽子や中性子、さらに原子核や原子は複合粒子と呼ばれる。

反アップ クォーク　**反ダウン クォーク**

 陽電子

反陽子　**反中性子**

反粒子
粒子とまったく同じ質量をもちながら、電荷などの性質が完全に反対である粒子を反粒子と呼ぶ。反粒子で構成された物質が反物質であるが、現実には存在しない。

星と銀河の出現

ビッグバンの2億年後には最初の恒星ができ始めた。まもなくダークマターが星を集団にまとめて若い銀河ができ始めた。このような初期の銀河が合体し、さらに星の形成が進んだ。

最初期の恒星

宇宙の初期には星の生成の材料はビッグバン直後にできた水素とヘリウムだけだったので最初の星には重い元素は含まれていなかった。これらの若い星は太陽よりもはるかに大きかった。その星が放つ強烈な紫外線が、最初の矮小銀河の間のガスの水素原子の電子をはぎとって電離した（再電離の始まり）。最初の星は短命で、数百万年のうちに超新星となって激しく爆発し、重い元素を初めて作り出した。

EDGESの観測

アメリカの研究チーム EDGES は、オーストラリア西部で特別な小型電波望遠鏡を使ってビッグバン後の3億5,000年から10億年ごろの再電離期の放射の観測を試みている。最初に得られた結果は、宇宙の最初期に星ができ、その頃の宇宙は予想よりも低温であったことを示唆している。それはダークマターの影響かもしれない。

電波信号を受信するアンテナ

信号を増幅し解析装置へ送る受信機

最初の恒星には惑星があったか？

最初の星には惑星があったかもしれないけれども、初期の宇宙はガスと高温のプラズマ（荷電粒子のスープと呼ばれる）だけだったので、その惑星は岩石質ではなかっただろう。

宇宙の時間経過

ビッグバン

最初の星ができたのはビッグバンの2億年後

最初の銀河ができ始めたのはビッグバンの4億年後

38万〜4億年後

138億年後

現在の宇宙

ビッグバンの3億5,000万年後には再電離が始まった

初期の星と銀河の形成

最初の星は宇宙誕生の初期に作られたが短命だった。最初の銀河は小さかったけれども現在私たちが観測できるものにまで成長した。

ビッグバン

初期の宇宙には大量の水素やヘリウムの正電荷の原子核があった

最初の原子ができ始めたのはビッグバンの38万年後

宇宙には中性の水素原子とヘリウム原子が充満した

水素とヘリウムのガスは集まって雲になった

ビッグバンの2億年後にはガス雲の中で初期の星ができ始めた

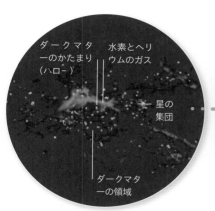

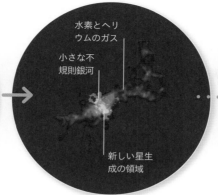

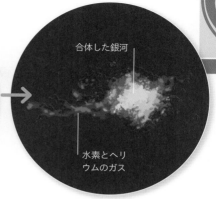

1 **ダークマターハロー**
互いの引力によってダークマターが集まり、ハローというかたまりになる。ハローは水素やヘリウムのガスのような普通の物質を引き込んでさらに圧縮される。

2 **小さな銀河の形成**
物質はさらに集まり続け、小さな不規則銀河ができる。その銀河の中には高密度の物質のかたまりができ、そこが新しい星形成の領域となる。

3 **銀河の合体**
銀河はほとんど何もない空間であるが、互いに絡み合ってより大きな銀河や星生成の領域を作っている。現在の宇宙の大きな銀河は少なくとも1回は合体を経ている。

銀河の誕生

最初の銀河ができた過程はまだよくわかっていない。しかし、宇宙の初期には、他よりも少し密度の高い領域がいくつかあったと考えられている。そのような領域がダークマターを引きつけ、次にガスや星を引き寄せた。これが最初の銀河ができるまで続いた。私たちが現在見ている渦巻銀河のような銀河は、初期の多くの銀河が合体を繰り返した後の形である。

天の川銀河の質量は最初の銀河のおよそ10万倍である

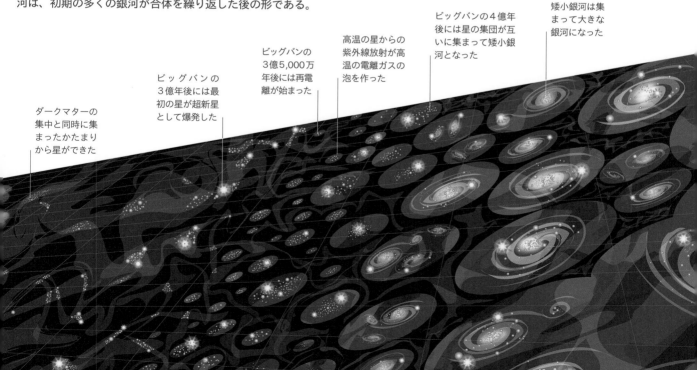

ダークマターの集中と同時に集まったかたまりから星ができた

ビッグバンの3億年後には最初の星が超新星として爆発した

ビッグバンの3億5,000万年後には再電離が始まった

高温の星からの紫外線放射が高温の電離ガスの泡を作った

ビッグバンの4億年後には星の集団が互いに集まって矮小銀河となった

矮小銀河は集まって大きな銀河になった

宇宙の未来

私たちの宇宙の未来に待ち受けているものは、重力とほとんど分かっていないあるエネルギーとの間で、ビッグバン以来ずっと続いている綱引きにかかっている。天文学ではその結末についてまだ確かな答えが見つかっていない。

ダークエネルギー

天文学者たちは、何もない空間には重力とは逆の働きをするダークエネルギーと呼ばれる未知の物質あるいは力が満ちていると考えている。空間のいたるところに同じ割合でダークエネルギーが存在するので、宇宙が膨張し空間の体積も増えるとそのエネルギーの勢力も同じように増大する。それが宇宙の膨張が加速している理由かもしれない。

想定される未来

究極的に宇宙に何が起こるかは、星、銀河および銀河団の間に働く万有引力による重力がダークエネルギーに圧倒されるかどうかにかかっている。もし重力が打ち勝てば、ビッグバンが逆向きに進行して宇宙は潰れてしまうだろう。重力が勝てなければ宇宙は膨張を続けるが、その膨張は破滅的な割合になるかもしれない。あるいは、現在予想されている宇宙の未来をすっかり変えてしまうような新しい物理学の理論が出現するかもしれない。

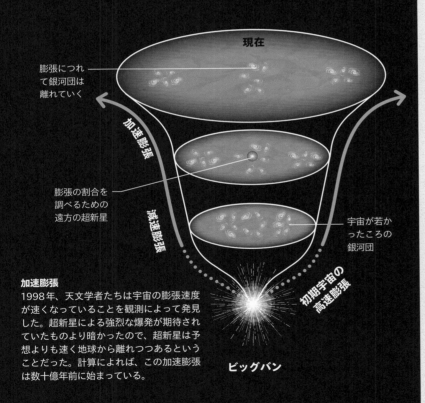

現在

膨張につれて銀河団は離れていく

加速膨張

減速膨張

膨張の割合を調べるための遠方の超新星

宇宙が若かったころの銀河団

初期宇宙の高速膨張

加速膨張

1998年、天文学者たちは宇宙の膨張速度が速くなっていることを観測によって発見した。超新星による強烈な爆発が期待されていたものより暗かったので、超新星は予想よりも速く地球から離れつつあるということだった。計算によれば、この加速膨張は数十億年前に始まっている。

ビッグバン

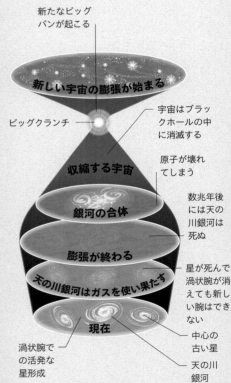

新たなビッグバンが起こる

新しい宇宙の膨張が始まる

ビッグクランチ

宇宙はブラックホールの中に消滅する

原子が壊れてしまう

収縮する宇宙

銀河の合体

数兆年後には天の川銀河は死ぬ

膨張が終わる

星が死んで渦状腕が消えても新しい腕はできない

天の川銀河はガスを使い果たす

現在

渦状腕での活発な星形成

中心の古い星

天の川銀河

ビッグクランチ

重力が打ち勝つとこのシナリオが進行し、宇宙は高温になって徐々に収縮し、小さなかけらに戻る。やがておそらく新しいビッグバンが起こる。ダークエネルギーの発見までは一般にこのように考えられていた。

遠い未来には宇宙は冷えて死ぬか、引き裂かれてしまうかもしれない

宇宙はあと
どのぐらい存続する？

もっとも支持されているシナリオによれば、宇宙は数十億年ほど続く、あるいは永久に続くかもしれない。しかし、ビッグチェンジのモデルが正しければ、理論的にはいつ宇宙が終わってもおかしくない。

宇宙定数

アルバート・アインシュタインは万有引力につり合わせるための「反引力」として宇宙定数を導入した。宇宙の膨張が加速していることが発見されて、宇宙定数はダークエネルギーに類似している、すなわち膨張を加速する傾向を示すと認識されるようになった。

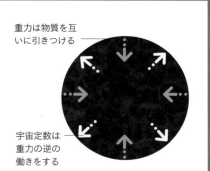

重力は物質を互いに引きつける

宇宙定数は重力の逆の働きをする

何もない空間に光の放射と基本的な粒子が散在する

電子　　　　　　　**光子**

開いた宇宙が永久に続く

白色矮星は衰えて黒色矮星になり、やがて光子と基本粒子に崩壊する

白色矮星

白色矮星は衰えて黒色矮星に向かう

超大質量ブラックホールが爆発的放射とともに消滅する

ブラックホールが蒸発する

死んだ星ばかりになった天の川銀河は渦を巻いて超大質量ブラックホールへと落ち込む

膨張が続く

天の川銀河はすべてのガスを使い果たす

星の死とともに渦状腕は消えて新しい腕はもうできない

現在

渦状腕の中での活発な星の生成

中心部にある古い星

天の川銀河

膨張が光速に近づくと銀河は引き裂かれる

原子から惑星や恒星まですべてのものは粉々になる

引き裂かれた宇宙

引き裂かれた天の川銀河

現在

ダークエネルギーが宇宙の膨張を加速させる

天の川銀河

真の真空の泡が膨張する

現在の真空よりも安定な真の真空の泡が現れる

ヒッグス場が最低エネルギーの状態に到達し、現在の宇宙の代わりに別の宇宙が現れる

真の真空

現在

天の川銀河

ビッグチル（宇宙の低温死）

もし宇宙が絶えず膨張を続けたら、やがてエネルギーも物質も希薄になってしまって惑星も恒星も、銀河も残らないであろう。温度は絶対零度まで下がり、粉々になった原子の破片の海だけが残る。

ビッグリップ

もしダークエネルギーによる宇宙の膨張の加速が続くならば、220億年も経てば、ブラックホールを含むすべてのものは粉々になってしまうだろう。原子や素粒子の間の空間さえも引き延ばされてちぎれてしまう。

ビッグチェンジ

この理論にはヒッグス粒子とヒッグス場と呼ばれるエネルギーの場が登場する。もし何かのきっかけでヒッグス場が最低エネルギー、すなわち真空状態に到達すれば、真空の泡が現れてその周囲にあるものを破壊しながら光速に近い速度で膨張する。

第 5 章

宇宙探検

宇宙へ

地球を保護する大気圏の向こうには広大な宇宙が広がる。宇宙探検の最初の一歩はまず宇宙に到達すること。地球の重力に逆らって地球を回る安定した軌道に入るための速度に達することが第一の課題である。地球周回軌道のもっと先の惑星間空間の探検にはさらに大きな加速と推進力が必要になる。

はじめて宇宙に到達した人工物はドイツのV２ロケットで1942年のことだった

どこからが宇宙か？

地球の大気は高度とともに薄くなり航空機が翼に揚力を得ることはどんどん困難になる。光を散乱したり反射したりする大気中の分子がなくなって、宇宙は私たちには真っ暗でしかない。宇宙というのは、宇宙での乗り物が地表に落ちないために地球周回軌道に入らなければならないという領域であると、ふつうには考えられているが「宇宙との境界」についての公認の定義があるわけではない。アメリカ航空宇宙局（NASA）では宇宙の始まりは海抜80kmと決めているが、国際航空連盟（FAI）では100kmとしている。

外気圏
大気の一番外側の層は地表の600km上空から始まり、さらに高度をあげても気圧は変わらない。外気圏のわずかな気体は徐々に宇宙に溶け込んでしまう。

外気圏で地球を周回する人工衛星はほとんど空気抵抗を受けない

外気圏（600km以上）

熱圏（600km）

オーロラの出現高度はさまざまだがほとんどは熱圏

低軌道の宇宙機と宇宙ステーションは熱圏を周回している

中間圏

熱圏
85km以上では紫外線が気体分子を電離し、高温で希薄な熱圏となる。オーロラはほとんどこの層で出現する。

飛行機で宇宙へ 行った人はいる？

1960年代、8人のアメリカ人パイロットが、X-15と呼ばれるロケット推進による超音速の飛行機で宇宙の入り口まで到達した。X-15は大型の母機で上昇し空中発進した。

中間圏
50 〜 60km以上は中間圏で温度は再び下がる。この層は普通の航空機には高過ぎ、宇宙飛行には低すぎる。

(85km)

ほとんどの流れ星は中間圏で蒸発してしまう

もっとも上空用の気象気球は中間圏の低いところに達する

商用の航空機は対流圏を巡航する

成層圏 (50 km)

対流圏 (6〜20km)

成層圏
対流圏では高度の上昇とともに温度が下がるが成層圏では高度とともに温度は上がり、オゾンを含む気体が太陽の紫外線を吸収する。

対流圏
大気の質量の75％と水蒸気の99％は地球大気のもっとも低層である対流圏にある。赤道上では対流圏は上空20kmに達するが、極地方では6kmほどしかない。

地球の重力からの脱出

地球の重力を完全に振り切るために必要な速度を脱出速度という。地球表面での脱出速度は秒速約11.2km（時速約4万km）で、地球周回に必要な速度よりずっと大きく、宇宙機がこの速度で発射されれば地球の重力で引きもどされることはない。

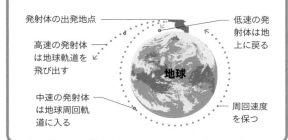

発射体の出発地点

低速の発射体は地上に戻る

高速の発射体は地球軌道を飛び出す

地球

中速の発射体は地球周回軌道に入る

周回速度を保つ

地球周回軌道

地球に落ちないで宇宙に留まるためにはどんな宇宙機でも安定な軌道、すなわち上層大気の抵抗によって減速されないように充分な高度の円軌道、あるいは楕円軌道を周回しなければならない。軌道というのは、真っ直ぐに進もうとする飛行体の運動が地球による引力によって曲げられた進路である。地表から200kmの地球低軌道（LEO）に留まるための宇宙機や宇宙ステーションの速度は時速2万8,000kmである。

自由落下
地球の上空で高速で水平に発射された物体からは地球の表面がカーブして逃げていくように見える。物体は地球に向かって無限に落ち続け、ついには地球の周りを繰り返し回る。この運動を自由落下と呼んでいる。

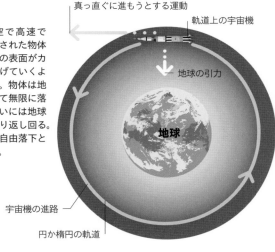

真っ直ぐに進もうとする運動

軌道上の宇宙機

地球の引力

地球

宇宙機の進路

円か楕円の軌道

ロケット

大きなものを宇宙に持っていくための実用的な手段は現代の技術ではロケットしかない。ロケットは単に作用・反作用の法則を利用した飛行体に過ぎないけれども、宇宙へ飛び出すには重力を振り切れるだけの充分な推進力だきを作りださなければならない。

化学推進ロケットのしくみ

ロケットの基本は作用・反作用である。単独で存在する物体に動くある方向の力はいつでも、必ず同じ大きさで反対方向の力とつり合っていなければならない。大きな推進力を得るために化学推進ロケットは推進剤となる化学物質を燃やす。特別な形のノズルから高速で放出される排気ガスがロケットを反対向きに押すための反作用を作り出す。

液体燃料ロケットの構造

発射の時には、この欧州宇宙機関のアリアン5のようなロケット本体のほとんどはエンジンと燃料タンクである。軌道に打ち上げられるペイロードは最上段に格納されている。

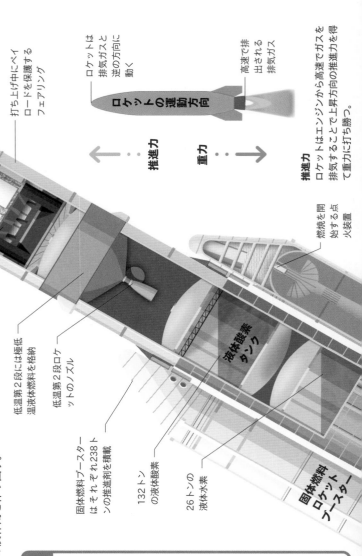

空気抵抗を減らすための流線形のノーズ・フェアリング

打ち上げ中にペイロードを保護するフェアリング

ペイロード

アリアン5は複数のペイロードを軌道に投入することができる

国際宇宙ステーション (ISS) へ物質を運ぶ欧州補給機 (ATV)

ATVの誘導操作用の一体型エンジン

低温第2段には極低温液体燃料を格納

低温第2段ロケットのノズル

固体燃料ブースターはそれぞれ238トンの推進剤を積載

132トンの液体酸素

26トンの液体水素

液体酸素タンク

固体燃料ロケットブースター

燃焼を開始する点火装置

ロケットの運動方向

ロケットは排気ガスと逆の方向に動く

高速で排出される排気ガス

推進力 ←・・・

重力 ・・・→

推進力
ロケットはエンジンから高速でガスを排気することで上昇方向の推進力を得て重力に打ち勝つ。

ロケットの推進剤

ロケットは推進剤を燃やして爆発的な推進力を得る。ふつうは2種類の液体である燃料と酸化剤を使って化学反応を起こす。固体燃料ロケットを作る方が簡単で、両方の化学物質を固体基盤に混ぜ込んでおいてシリンダーの中で一度点火すれば連続的に燃える。

液体燃料型

液体の酸化剤

液体燃料

燃焼室

高温のガス

固体燃料型

燃焼室（空洞）

燃料

点火点

燃焼室

高温のガス

宇宙ロケットを発明したのは誰？

ロケットを使って宇宙旅行をしようとまじめに考えた最初の人はロシア人の教師で物理学者であり、発明家で航空技術者でもあったコンスタンチン・ツィオルコフスキー（1857-1935）だった。

各段の投下

現代の打ち上げ用ロケットは1段目のまわりに複数の小さなロケットをつけ、さらに上には2段目、ときには3段目をつけている。軌道に放出されるペイロードはさらになる推進や操作性のためにロケットモーターを備えていることもある。

使い切った段は地上に落下

軌道に乗ったペイロード

保護用のフェアリングを外し、むき出しになったペイロード

2段目に点火

1段目を使い切って投棄

ブースターを使い切って投棄

離昇完了

1段目とブースターに点火して発射

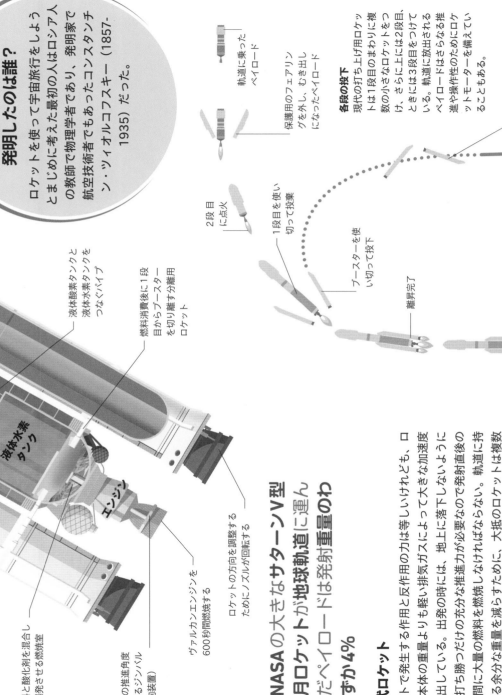

液体酸素タンクと液体水素タンクをつなぐパイプ

燃料消費後に1段目からブースターを切り離す分離用ロケット

液体水素タンク

エンジン

打ち上げ用の燃料が積載された低温第1段

燃料と酸化剤を混合して爆発させる燃焼室

ロケットの推進角度を調整するジンバル（推力偏向装置）

ヴァルカンエンジンを600秒間燃焼する

ロケットの方向を調整するためにノズルが回転する

NASAの大きなサターンV型月ロケットが地球軌道に運んだペイロードは発射重量のわずか4%

多段式ロケット

ロケットで発生する作用と反作用の力は等しいけれども、ロケット本体の重量よりも軽い排気ガスによってって大きな加速度を生み出している。出発の時には、地上に落下しないように重力に打ち勝つだけの充分な推進力が必要なので発射直後の短い時間に大量の燃料を燃焼しなければならない。打ち上げる余分な重量を減らすために、大抵のロケットは複数の燃料タンクとエンジンによる多段式にして、順番に、ある いは平行して燃焼し、ロケットが加速し、燃料が消費される に従って不要になった段を投棄していく。

再使用型ロケット

これまでのロケットは高価で無駄が多かった。燃料を大量に消費するばかりではなく、一度だけしか飛行せず、燃料タンクもエンジンも使い捨てで、再使用は不可能だった。完全に再使用可能なロケットの開発は宇宙進出へのコスト削減のために極めて重要である。

帰還とリサイクル

2015年以降、アメリカの民間企業スペースX社が他に先駆けて、打ち上げロケットのファルコンで着陸と再使用に成功している。下段（エンジンは1基、あるいは3基のクラスタ）に装備された駆動式の推進機が予め決められた着陸地点（地上、あるいは洋上の着陸場）へ誘導する。上の段から切り離される下段には着陸の際に降下を減速するための燃料が余分に積載されている。

部分的にでも再使用が可能な最初の宇宙の乗り物は？

1981年に初めて打ち上げられたスペースシャトルは再使用可能なオービターと再調整できる固体ロケットブースターを備えていた。

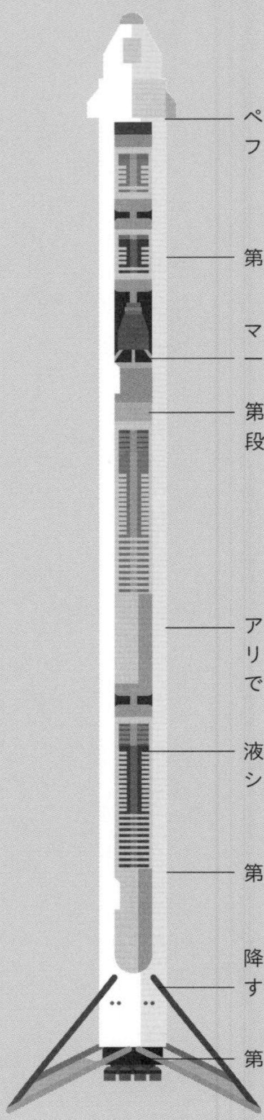

ペイロードとフェアリング
第2段
マーリンバキュームエンジン
第1段と第2段の段間構造
アルミニウムとリチウムの合金でできた外壁
液体酸素とケロシンの推進剤
第1段
降下時に展開する着陸脚
第1段エンジン

ロケットの着陸

ロケットを垂直に着陸させるという一見簡単そうで、信じられないぐらい難しい仕事を、ファルコン9は85%という成功率で成し遂げている。ロケットを自力で、目標地点に、しかも再使用できるような状態で着陸させるために新しい独創的な技術が使われている。

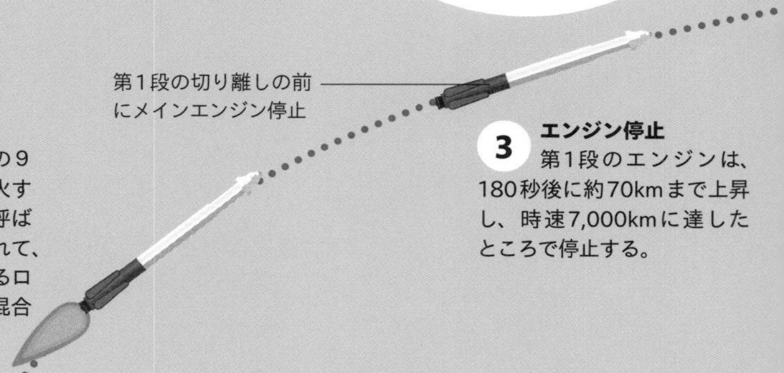

第1段の切り離しの前にメインエンジン停止

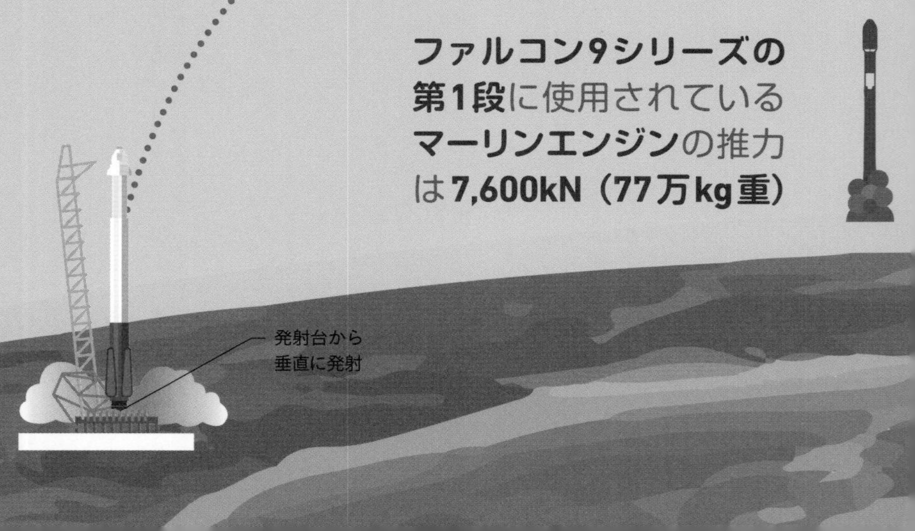

発射台から垂直に発射

1 発射
ファルコン9はふつうのロケットと同じように垂直に発射する。「フルスラスト」という型のファルコンは2段のタンクと段間構造の上にフェアリングをつけたペイロードがあって、発射台に載せると70mの高さがある。

2 第1段の燃焼
発射の際には第1段の9基のマーリンエンジンに点火する。9基はオクタウェブと呼ばれる8角形と中心に配置されて、RP-1（ケロシンを原料とするロケット燃料）と液体酸素を混合して燃やす。

3 エンジン停止
第1段のエンジンは、180秒後に約70kmまで上昇し、時速7,000kmに達したところで停止する。

ファルコン9シリーズの第1段に使用されている**マーリンエンジン**の推力は**7,600kN（77万kg重）**

単段式宇宙輸送機

軌道投入の理想的な方法は、単体で宇宙に到達し、地球に戻ってすばやく折り返し運行のできる単段式宇宙輸送機（SSTO）である。SSTOの構想にはふつうの垂直打ち上げロケットも含まれるけれども、ハイブリッドエンジンを搭載し地球低軌道にペイロードを投入できる自力で離着陸可能なスペースプレーンも考えられている。

SSTOの構造

スカイロンというスペースプレーンの計画には軌道に到達するためにエアーブリージングロケットエンジン（SABRE）と呼ばれる実験段階のハイブリッドエンジンが搭載されている。

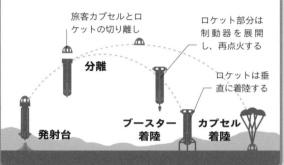

SABREエンジンは低高度では空気中の酸素を使う

水素タンク

水素タンク
空気力学的に設計された先尾翼

ペイロード格納庫

酸素タンク

弾道飛行

ブルーオリジン社の垂直離陸型SSTOニューシェパードは旅客カプセルを搭載し宇宙空間への短いフライトを実現する。2015年11月に初めて無人で宇宙に到達、2021年7月20日には4人が搭乗し約10分間の宇宙飛行の後、カプセルはパラシュートで帰還、ロケットは垂直に着陸した。

旅客カプセルとロケットの切り離し

分離

ロケット部分は制動器を展開し、再点火する

ロケットは垂直に着陸する

発射台

ブースター着陸

カプセル着陸

低温ガススラスタが1段目を180°回転させる

ISS（国際宇宙ステーション）

減速のためにエンジン再点火

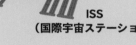

4　分離
段間ユニットの圧縮空気のピストンで1段目と2段目は切り離される。1段目は地球に向けて落下しながらガス推進によって基部が下になるように回転する。

5　ペイロード送達
エンジン1基の2段目がISSへの有人カプセルなどのペイロードを地球低軌道、あるいは静止遷移軌道に載せる。2段目は使用後に回収されない。

ロケットの水平位置を変えるための斜め噴射

垂直方向の速度調整

ロケットが倒れないように重心の周りに回転させる噴射

垂直着陸

6　着陸
1段目は3基のマーリンエンジンを再点火して減速する。衝撃を吸収できる着陸脚が着陸寸前に展開され、海上でも陸上でも着陸の衝撃が歩いている程度になるようにする。

着陸の衝撃緩和のための圧縮ヘリウムガス噴射

位置、姿勢の制御
スラスタの噴射角度を変えることで、ファルコン9は減速しながら垂直に着陸する。

人工衛星の軌道

衛星の軌道は、天体の重力のもとで安定した円、あるいは楕円を描く。人工衛星はさまざまな目的に応じた軌道に従って地球を回っている。

軌道と速度

人工衛星の地表に対する速度は高度によって異なる。円軌道では速度は一定で、高度の低い軌道では、高度の高い軌道よりも速度は大きい。楕円軌道の場合の速度は、地球にもっとも接近する近地点では速く、地球からもっとも遠い遠地点では遅くなる。赤道の真上を周回する衛星もあるが、多くは傾いていて、地球が自転しているから衛星は周回ごとに異なる地点の上空を通過する。

いろいろな軌道

熱圏でほぼ円軌道の地球低軌道はもっとも衛星を載せやすい。極軌道上の地球観測衛星は周回ごとに地球の異なる帯状の部分の上空を通過している。太陽同期軌道では、地球表面のようすを太陽光線の当たり方などを同じ条件にして観測することができる。楕円軌道や地球高軌道は地球からさらに離れるので地表の広い範囲を衛星の視野に入れられる。

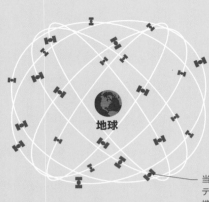

地球

モルニヤ衛星

当初のGPSコンステレーションは24機の周回衛星の協働

衛星コンステレーション

衛星電話やナビゲーションシステムの実用化には多数の衛星の協調動作が必要になる。コンステレーション（星座という意味）と呼ばれる衛星の集団が低高度から中高度の軌道に精密に配置されて、地球表面全体に絶えず隈なくサービスを提供している。

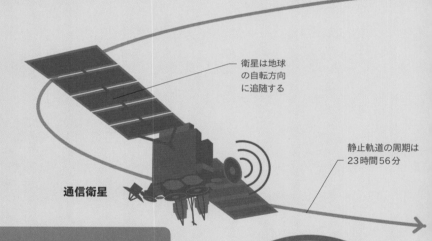

静止軌道

衛星は地球の自転方向に追随する

通信衛星

静止軌道の周期は23時間56分

宇宙のゴミ

1957年の宇宙時代の幕開け以来、地球の周りの宇宙は、稼働中の衛星ばかりでなく、不要になった宇宙機や燃料ロケット、その他のゴミでどんどん混み合ってきている。稼働中の衛星や有人宇宙船、さらには国際宇宙ステーションやそこに滞在中の人員にとってもゴミとの衝突は常に脅威である。

軌道上の宇宙機の安全上の脅威となる宇宙ゴミの分布

最初の人工衛星の軌道は？

1957年10月に旧ソビエト連邦が打ち上げたスプートニク1号の軌道は近地点215km、遠地点939kmの楕円軌道で赤道面から65°傾いていた。

軌道の制御

ほとんどの人工衛星は最初、地球低軌道（LEO）に向けて打ち上げられる。搭載されたエンジンと推進機、あるいは最終段のロケットを使って、そこから最終的な軌道に到達させる。いったん宇宙に出れば軌道の形や大きさを変更することは傾斜角を変更することよりはずっとたやすい。

遷移軌道

人工衛星は、遷移軌道に沿ってある円軌道から別の円軌道へ移ることができる。遷移軌道は楕円軌道の一部であって、低い方の軌道と近地点で接し、高い方の軌道と遠地点で接する。軌道遷移のために、近地点と遠地点とで正確なエンジン噴射が必要である。

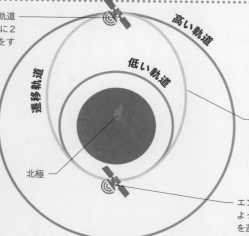

高い方の円軌道に入るために2度目の噴射をする

高い軌道

低い軌道

遷移軌道

北極

遷移軌道を利用して人工衛星を高度の高い軌道に移す

エンジン噴射によってロケットを遷移軌道の方へ押し上げる

人工衛星の用途

多くの人工衛星は地球に関係する特別な目的に向けてデザインされている。その任務を遂行するためには正しい軌道に載せることがなによりも重要である。

衛星電話
衛星電話のサービスは地球低軌道のコンステレーションによって提供される。ある瞬間に地球上のどの地点でも複数の衛星から受信可能になっている。

地図作成
太陽同期軌道を利用した地球表面の衛星写真は、どの地点でも太陽光を同じ方向から受けている。

気象観測
地球上のさまざまな気象の追跡のために設計された衛星は極軌道に載せられて、画像やデータを蓄積している。

衛星放送
赤道上の静止軌道には多くの放送衛星が上がっていて地球と同じ周期で周回している。

高緯度地域の通信
赤道上の通信衛星の視界外になる高緯度地域のために、モルニヤ軌道と呼ばれる大きく傾き、離心率の大きな楕円軌道上に人工衛星を配置している。

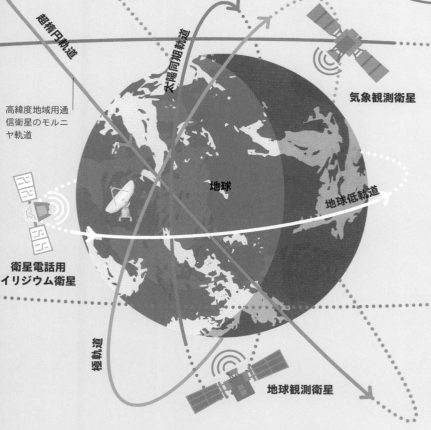

超楕円軌道

太陽同期軌道

高緯度地域用通信衛星のモルニヤ軌道

地球

衛星電話用
イリジウム衛星

極軌道

地球低軌道

気象観測衛星

地球観測衛星

最近の計測によれば、1億2,900万個もの1mm以上の物体が地球を周回している

太陽光パネル
で衛星の電力
を賄う

衛星の位置は電
気推進機で制御
されている

2 受信信号の増幅
衛星は太陽光による電力で受信信号
を増幅する。受信する多数の信号を瞬時に
処理できる技術が搭載されている。

通信衛星のしくみ
通信衛星（コムサット）には、保守作業が
不可能な宇宙空間の過酷な条件のもとでも
長期間にわたって稼働するようにとても複
雑な装置が搭載されている。電力は太陽光
発電で賄う。

加圧液体燃料タ
ンクに貯蔵され
た推進機の燃料

通信衛星
さまざまな通信に使われる電波信号の
中継のために多くの衛星が稼働している。
地上からはるか上空にある衛星は地上の
受信側と送信側の両方を直接見通せる
ので、電話やインターネットのサービス、
地上の送信局からの電波の届かない地域
へのテレビジョンの衛星放送などが可能
になる。地表から 35,786 km の静止軌
道上の衛星は赤道上空の固定点にあって、
地球上の広い範囲で受信できるような放
送拠点として働いている。

受信した電波信
号を中継機へ送
る反射鏡

衛星の温度をコン
トロールする
太陽光反射材

地上局から衛星の動
作をモニターしコン
トロールする追跡監
視制御用のアンテナ

入射電波信号はアンテ
ナから中継機に送られ
て処理され、今度は反
射機を通して地上へ電
波を送り返す

電波信号

3 地上へ送り返される信号
衛星は、別の地上局へ向けた
絞られた電波か、弱いけれども広範
囲に届く放送電波として信号を再送
信する。

通信衛星を
発明したのは誰？

静止衛星を使った通信の中継とい
う考え方は、SF 作家のアーサー・C・
クラークが 1948 年に提案していた
が、彼はそのような中継機能は有人
の宇宙ステーションのようなもの
でなければ実現しないと考え
ていたらしい。

1 信号送信
出力が大きくて指向性のよいパラボ
ラアンテナのある地上局、あるいは衛星電
話のアンテナのようなずっと小さな局から
も電波信号は送信される。

いろいろな人工衛星

人工衛星には、巨大タンカーの操船からテレビジョン放送までさまざまな用途があるが、そのほとんどは通信とナビゲーションに関係している。

衛星によるナビゲーションシステム

電波が空間を伝わる速度は決まっている（152頁参照）ので、軌道が明確で原子時計を搭載した4機の人工衛星からの時刻信号を使うと、地球上の受信機の位置を決定できる。これが、アメリカが運用しているGPS（全地球測位システム）など衛星を利用する測位システムの基本で、実際には衛星の速度や高度に起因する誤差を相対性理論でさらに補正している。現代のスマートフォンや車から農業管理に至るまでの新しい技術に欠くことができないものである。

（152頁参照）

キューブサット

静止軌道の通信衛星は高度が高く、長距離に信号を中継、送信するための大きな出力を必要とするので大型になるが、地表と地球低軌道との信号の送受信にはそれほどの出力は必要でない。今や地球低軌道には大量の小型の通信衛星、軽量に効率よく設計されモジュラー化された規格品のキューブサットと呼ばれるものが周回している。

キューブサットの1ユニットは1辺10cmの立方体

特殊な機能を搭載した多くのユニットをの集合

1ユニット　**24ユニット**

4 信号受信
受信機は電波信号を復調して地上基地局のネットワークに送るか、さらに遠くへ送るために別の通信衛星へと再送信する。

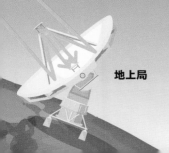

地上局

衛星1
衛星1の信号を受信した時刻によって衛星と受信機の距離がわかる。受信機は衛星1を中心、衛星への距離を半径とする球面上にある。

受信機は衛星1を中心とするこの球面上

1

地球

衛星2
受信機は、衛星1までの距離を半径とする球面と衛星2までの距離を半径とする球面の交わる円周上にある。

受信機の位置は2つの球面の交線上

衛星3
2つの球面の交線と3番目の衛星を中心とする3つ目の球面との交点として受信機の位置が決まる。

3台の衛星からの距離で受信機の位置は1点に決まる

衛星4
4台目の衛星を使用して受信機の時計を補正する。実際には受信機の位置を示す3次元の座標と時計のずれの合計4つの未知数を4台の衛星から受信機への距離を使って数学的に決定する。

受信機の位置は1m以内の誤差で決まる

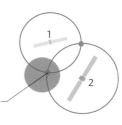

ヨーロッパの**ガリレオ測位衛星システム**は位置情報の**誤差20cm以内**を目指している

宇宙から見る地球

現在、リモートセンシングという技術を搭載した膨大な数の人工衛星が、地表、大気、そして海洋を宇宙から見つめている。

いろいろな波長で見る地球

リモートセンシング（遠隔探査）というアイデアは1960年代に宇宙飛行士たちが飛行中に地球が驚くほど詳細に見えたと報告したときから始まった。最初に宇宙から地球を観測しようという計画は、ときには望遠鏡も使いながら単に写真を撮ることだった。その後、たとえばマルチスペクトルイメージング（多波長撮像）という技術、すなわち特定の波長に対する応答を見るためのフィルターを利用して地表の写真を撮る方法などの進んだ技術が導入されるようになった。

農作物の生育状況の分析
可視光や赤外光などの異なる波長で地面を撮影した画像からはさまざまなことを読み取ることができ、農作物の生育状況などの画像情報が集積されて農業に役立っている。

作物に降り注ぐ太陽光

マルチスペクトルイメージング

赤と青の光は光合成のためにほとんど吸収され反射量は少ない

病虫害などを受けた葉は赤外線をあまり反射しない

健康な葉は赤外線を多く反射する

枯れた葉は赤外線も緑色も反射しない

健康な葉　**病虫害などを受けた葉**　**枯れた葉**

葉や芽などの植物組織には特定の波長の光を吸収し他を反射する色素があるので、マルチスペクトルイメージングを利用して農作物を管理できる。植物の健康状態によって光の吸収と反射が微妙に変化するので特定の波長の出力を見れば健康状態がわかる。

人工衛星

衛星が検出する反射光

衛星画像のピクセルが地上の領域に対応し、領域を小さくすれば画像の解像度は上がる

総合的な生育状況

植物が健康であれば窒素の吸収が多い

窒素の吸収の程度

作物が乾燥している領域は赤で表示される

乾燥バイオマスの分布

肥料散布の必要な領域

肥沃さの状況

農地

気象衛星

人工衛星利用の最初の目的には気象観測もあった。地球高軌道からの大気の写真によって大規模な気象のパターンを詳細に理解できるようになった。一方で風速や降雨、波の高さなどは、レーダーシステムによって観測する。人工衛星を利用すれば、大気汚染の程度を調べ、気候変動の追跡のために温度測定を続けることもできる。

列をなす観測衛星

アメリカ、フランス、日本の参加するAトレインと呼ばれる地球観測衛星の隊列は、2014年以降6機の遠隔探査用の衛星がほとんど同じ太陽同期軌道を周回し、毎日ほぼ同時刻に地球大気や地表の気象観測をしている。

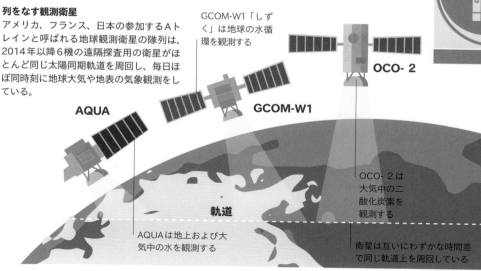

GCOM-W1「しずく」は地球の水循環を観測する

OCO-2

AQUA

GCOM-W1

軌道

AQUAは地上および大気中の水を観測する

OCO-2は大気中の二酸化炭素を観測する

衛星は互いにわずかな時間差で同じ軌道上を周回している

リモートセンシングの技術

人工衛星は、光の波長ごとに吸収反射を調べる分光器や、地表の陸地と海洋を探査するレーダーなどさまざまな機器やセンサーを搭載している。

気象学
雲の写真撮影に加えて、レーダーによる風速や降雨の測定、赤外線カメラによる地表の温度の測定などが利用できる。

海洋研究
レーダーによって波の高さや速さを観測し、海洋の循環パターンや海面上の風速を調べる。赤外線検出器で海洋の温度を追跡記録する。

地質学
ハイパースペクトルイメージングにより、通常のマルチスペクトルイメージングよりも広い波長域、高い分解能で地球表面の岩石や鉱物に関する詳細な調査ができる。

地図作成
人工衛星に搭載されたレーダーは地球上の広い地域の地図を作ることができる。また狭い地域の立体的な写真を使って3次元地形図が作成できる。

土地利用
マルチスペクトルイメージングによって自然林、農地、市街化地域、水域などを区別して土地利用の詳細を明らかにできる。

考古学
衛星画像と地面を透過するレーダーによって何世紀も地下に埋まっていた古代の構造物のようすや残存物を発見することができる。

2011年、衛星による赤外線画像によってそれまでには知られていなかったエジプトの17基のピラミッドが発見された

アクティブセンサーとパッシブセンサー

対象からやってくる自然のエネルギーを検出する遠隔探査機をパッシブ（受動型）センサーと呼ぶ。センサー自身のエネルギー源を利用して信号を発出し、それに対する応答を解析する探査機がアクティブ（能動型）センサーである。

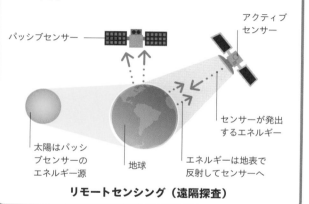

パッシブセンサー

アクティブセンサー

太陽はパッシブセンサーのエネルギー源

地球

エネルギーは地表で反射してセンサーへ

センサーが発出するエネルギー

リモートセンシング（遠隔探査）

望遠鏡を宇宙へ

人工衛星を利用する新しい天体観測では、大気揺らぎのない完璧な画像をとらえ、大気に遮られて地上に届かない電磁波を検出することもできる。

宇宙望遠鏡の軌道

標準的な地球低軌道（高度2,000km以下）は多くの宇宙望遠鏡にとても都合のよいものであるが、もっと複雑な軌道が必要なこともある。地球から遠くなれば、地球の見かけの大きさは小さくなり、一度に観測できる宇宙が広がる。一方で、地球の昼半球からの熱放射に機器が晒されるのを防ぐために地球を追いかける軌道で太陽を回っているものもある。ラグランジュ点と呼ばれる特殊な位置に人工衛星を配置すると地球も太陽も人工衛星に対して常に同じ方向に固定される。

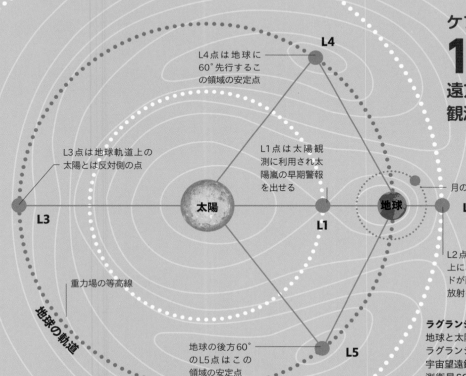

L4

L4点は地球に60°先行するこの領域の安定点

L3点は地球軌道上の太陽とは反対側の点

L1点は太陽観測に利用され太陽嵐の早期警報を出せる

L3

重力場の等高線

地球の軌道

太陽

L1

地球

月の公転軌道

L2

L2点では地球と太陽が一直線上にあって宇宙望遠鏡のシールドが両方の赤外光やマイクロ波放射を同時に遮ることができる

地球の後方60°のL5点はこの領域の安定点

L5

ケプラー探査機は

15万 個もの

遠方の星を同時に観測できた

ラグランジュ点

地球と太陽の重力がつり合う点を太陽-地球系のラグランジュ点と呼び、全部で5つある。多くの宇宙望遠鏡は地球軌道を周回しているが、太陽観測衛星SOHOはL1点付近、プランク衛星（165頁参照）はL2点付近で太陽を周回していた。

地上に届かない電磁波の観測

宇宙空間に望遠鏡を設置することの最大の利点の1つは大気によって遮られる電磁波を検出できることにある。近紫外よりもエネルギーの高い人体に有害な電磁波は、人間にとっては幸いなことにすべて大気に吸収され、赤外のほとんどとマイクロ波領域の電波も吸収されて観測できない。また低層大気中の温かい水蒸気が赤外線を放射するので宇宙からの微弱な放射が埋もれてしまう。

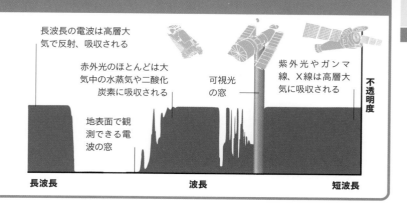

長波長の電波は高層大気で反射、吸収される

赤外光のほとんどは大気中の水蒸気や二酸化炭素に吸収される

地表面で観測できる電波の窓

可視光の窓

紫外光やガンマ線、X線は高層大気に吸収される

不透明度

長波長　　　波長　　　短波長

系外惑星探査

2009年に打ち上げられたNASAのケプラー宇宙望遠鏡は恒星の前を惑星が横切るときの減光を観測して系外惑星を探すための人工衛星だった。地球を追いかける太陽周回軌道に投入され、はくちょう座の方向の星の多い領域の観測を3年以上も切れ目なく続けた。このミッションでケプラー宇宙望遠鏡は数千個の系外惑星を発見した。

ケプラー宇宙望遠鏡の継続ミッション

2013年の姿勢制御装置の故障ののち、太陽光の圧力を利用して姿勢を安定にするという工夫によってさらに別の方向の系外惑星探査を続け、2018年に燃料の枯渇によってミッションは終了した。

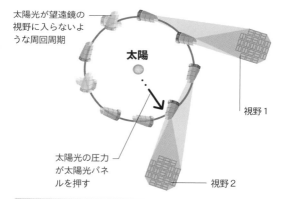

太陽光が望遠鏡の視野に入らないような周回周期

太陽

太陽光の圧力が太陽光パネルを押す

視野1

視野2

高エネルギー天文学

高エネルギー天文学用の人工衛星は、宇宙のもっとも高温で活動的な天体の発する紫外線、X線、ガンマ線によって宇宙を描き出すが、これは地上では観測できない。紫外線は従来のような望遠鏡の設計でよいが、X線やガンマ線は普通の反射鏡は透過してしまうので、別の工夫が必要である。

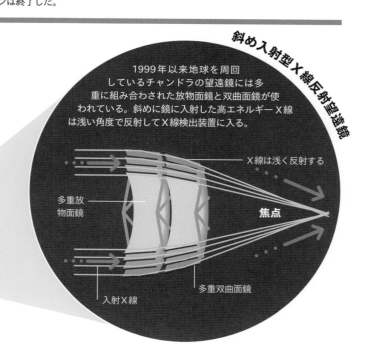

斜め入射型X線反射望遠鏡

1999年以来地球を周回しているチャンドラの望遠鏡には多重に組み合わされた放物面鏡と双曲面鏡が使われている。斜めに鏡に入射した高エネルギーX線は浅い角度で反射してX線検出装置に入る。

X線は浅く反射する

多重放物面鏡

焦点

入射X線

多重双曲面鏡

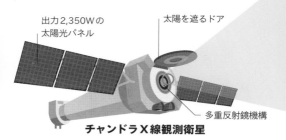

出力2,350Wの太陽光パネル

太陽を遮るドア

多重反射鏡機構

チャンドラX線観測衛星

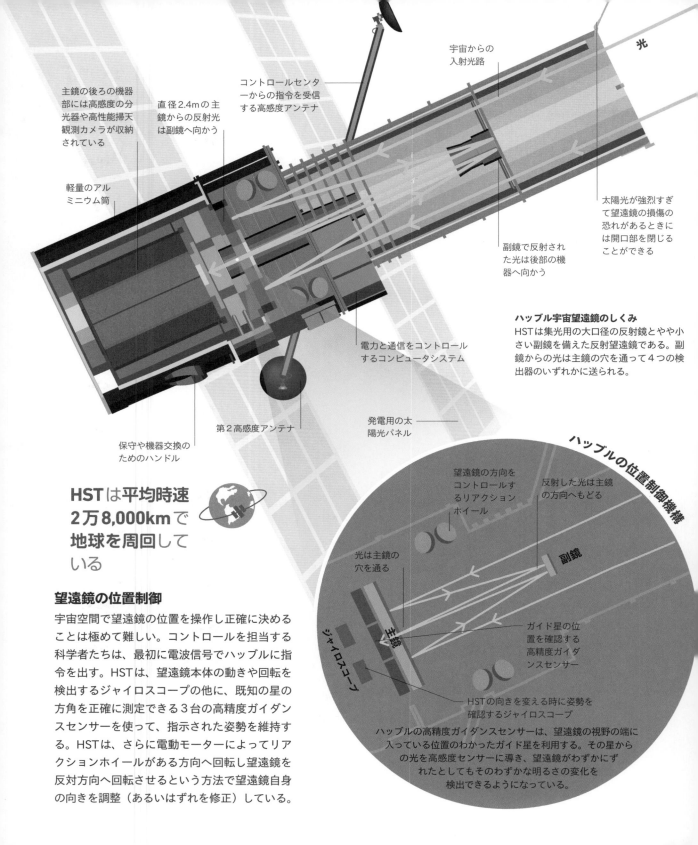

主鏡の後ろの機器部には高感度の分光器や高性能掃天観測カメラが収納されている

直径2.4mの主鏡からの反射光は副鏡へ向かう

コントロールセンターからの指令を受信する高感度アンテナ

宇宙からの入射光路

光

軽量のアルミニウム筒

太陽光が強烈すぎて望遠鏡の損傷の恐れがあるときには開口部を閉じることができる

副鏡で反射された光は後部の機器へ向かう

電力と通信をコントロールするコンピュータシステム

ハッブル宇宙望遠鏡のしくみ
HSTは集光用の大口径の反射鏡とやや小さい副鏡を備えた反射望遠鏡である。副鏡からの光は主鏡の穴を通って4つの検出器のいずれかに送られる。

発電用の太陽光パネル

第2高感度アンテナ

保守や機器交換のためのハンドル

HSTは平均時速2万8,000kmで地球を周回している

望遠鏡の位置制御

宇宙空間で望遠鏡の位置を操作し正確に決めることは極めて難しい。コントロールを担当する科学者たちは、最初に電波信号でハッブルに指令を出す。HSTは、望遠鏡本体の動きや回転を検出するジャイロスコープの他に、既知の星の方角を正確に測定できる3台の高精度ガイダンスセンサーを使って、指示された姿勢を維持する。HSTは、さらに電動モーターによってリアクションホイールがある方向へ回転し望遠鏡を反対方向へ回転させるという方法で望遠鏡自身の向きを調整（あるいはずれを修正）している。

ハッブルの位置制御機構

望遠鏡の方向をコントロールするリアクションホイール

反射した光は主鏡の方向へもどる

光は主鏡の穴を通る

副鏡

ジャイロスコープ

主鏡

ガイド星の位置を確認する高精度ガイダンスセンサー

HSTの向きを変える時に姿勢を確認するジャイロスコープ

ハッブルの高精度ガイダンスセンサーは、望遠鏡の視野の端に入っている位置のわかったガイド星を利用する。その星からの光を高感度センサーに導き、望遠鏡がわずかにずれたとしてもそのわずかな明るさの変化を検出できるようになっている。

ハッブル宇宙望遠鏡

ハッブル宇宙望遠鏡（HST）は高度約600kmの地球周回軌道上で30年以上にわたり運用され、私たちの宇宙の理解に革命をもたらすような多くの発見を生み出している最大かつもっとも成功した宇宙望遠鏡である。

ハッブルで見えるもの

地球低軌道という位置で、HSTの映し出す画像の限界はその反射鏡の大きさと計器の感度だけである。実際、現代の標準から見ればその望遠鏡はやや凡庸なものであるけれども、その写真は地上のずっと大きな天文台（24-25頁参照）で撮られたものに勝るとも劣らない。さらに、HSTは近赤外や近紫外の見えない光を検出できる機器も備えているので、大気による吸収がない環境（152頁、187頁参照）にあることで、温度が低すぎたり高すぎたりして可視光では見えない天体も観測できるということである。

ハッブルの保守は何回くらい実施されている？

1990年の打ち上げ以来、HSTは軌道上でのスペースシャトルの宇宙飛行士による5回の修理・アップグレードミッションが行われ、スペースシャトルが退役する寸前の2009年が最後の保守であった。

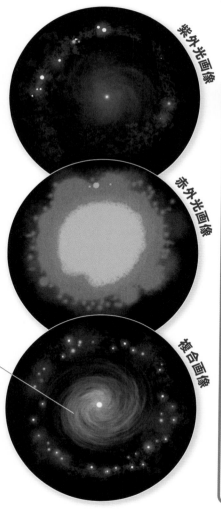

紫外光画像

赤外光画像

複合画像

地球から3,800万光年の渦巻銀河NGC1512の複合画像

観測波長
ハッブル宇宙望遠鏡は、遠方の銀河の比較的低温の宇宙ダストの近赤外画像と、もっとも高温の星の紫外画像を組み合わせてその銀河の構造の完全な姿を描き出した。

データ処理

HST搭載の各種の機器から得られるデータはまず望遠鏡本体に蓄積され、12時間程度ごとに静止軌道にあるNASAの追跡・データ中継衛星の1つにアップロードされる。そこからアメリカのニューメキシコ州にある地上局にリレーされ、メリーランド州のHSTコントロールセンター、さらにボルティモアの宇宙望遠鏡科学研究所へと送られる。

光源　　HST　　中継衛星

宇宙望遠鏡科学研究所　　地上局

宇宙プローブの構造

プローブ（探査機）は小さな無人の宇宙機で、訪れた宇宙や遠方の天体の環境に関するデータを収集するための機器を搭載している。機器は粒子を検知したり、電場や磁場を測定したり、天体の画像を撮ったりする。プローブは宇宙空間で動かしたり放出したりする補助観測機を搭載していることもある。プローブの方向や軌道を変更するためのエンジンや、地球からの指令を受信し、データを送信するための送受信装置、運用のためのコンピュータやこれらを動かすための電源装置なども含まれている。

太陽

強力な電磁場

太陽から噴き出す高温のガス

太陽フレアからの高エネルギーの粒子

1 データ収集
プローブは絶えず強烈な放射と高エネルギー粒子にさらされているので、過酷な環境を測定し粒子を検出しながら損傷を避けられるような特製の熱シールドが設計されている。

太陽の高層大気からの粒子による太陽風

太陽探査
パーカー太陽探査機は太陽に近い過酷な環境を飛行して磁場を測定し、太陽が放出する高エネルギー粒子を調べるという目的のために設計された宇宙機で、2018年に打ち上げられた。

繊細な測定機器を守るための熱シールド

電場を測定するアンテナ

ソーラーアレイ冷却システム

電力を発生し、宇宙機を冷却する太陽光パネル

太陽風を記録する粒子検出器

磁場を測定する磁力計

熱シールドの表面の温度は1,370℃にもなる

プローブは太陽から1,900万km以内まで接近する

2 地球との通信
5種類の機器によるデータは搭載されたコンピュータで処理され、電気信号に変換される。小さなパラボラアンテナからデータを高周波電波として地球へ送る。

宇宙プローブとオービター

宇宙プローブ（探査機）は他の惑星の大気中に入ったり、別の天体の表面に着陸したりして科学的なデータを収集するロボットである。オービター（周回探査機）は別の天体の大気に侵入するようには設計されていない。

パラボラアンテナで電波を受信する

電波望遠鏡

アンテナは電波を電流に変換する

3 信号受信
地上の大きなパラボラアンテナがプローブからの信号を受信する。パラボラアンテナは広範囲から集めた電波を小さい受信機に集中し、弱い電流に変換す

宇宙機が恒星まで行くのにどのくらいかかるか？

時速6万1,000kmのボイジャー1号は太陽圏を脱出した最速の宇宙機であったが、それでもオールトの雲の外側へは3万年、最寄りの恒星までは7万年かかるだろう。

これまでに打ち上げられた中で**最速であるパーカー太陽探査機は時速39万3,000km**を達成

5 データの復元
科学者たちはコンピュータを使ってデジタルデータを意味のあるデータに復元し画像やグラフ、その他の形に処理する。

データの復元処理をするコンピュータ

コンピュータ

研究所へ送られるデータ

受信機と増幅器

受信機への信号

4 増幅
生の信号を受け取った増幅器は強度を増幅しデジタルデータ（信号強度を表すパルス）に変換する。

別の天体へ

宇宙プローブが遠方の惑星やその他の天体へ到達するにはまず地球の重力から脱出して、次に太陽のまわりの遷移軌道に入らなければならない（181頁参照）。この軌道（あるいはその一部）は目的の天体がある時間後に到達する地点へ橋渡しをするもので、宇宙機はそれから減速して目的天体の重力圏に入る。太陽からの距離が異なると天体の周回速度も異なるのでさらに複雑である。

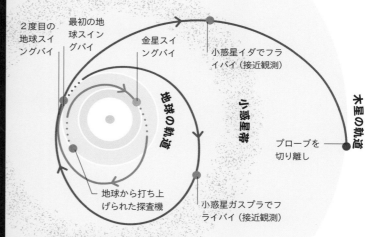

2度目の地球スイングバイ／最初の地球スイングバイ／金星スイングバイ／小惑星イダでフライバイ（接近観測）／木星の軌道／地球の軌道／小惑星帯／プローブを切り離し／地球から打ち上げられた探査機／小惑星ガスプラでフライバイ（接近観測）

ガリレオ探査機の飛行（213頁参照）
1989年に打ち上げられたガリレオ探査機はスイングバイ（210頁参照）を3回実施して加速し1995年に木星の周回軌道に到達、プローブを切り離した後も7年間周回して2003年に木星大気に突入した。

熱シールド

太陽に近いところを探査するプローブには太陽に向いた側の灼熱から機器を保護するための分厚いシールドが必要になる。また宇宙機の高温側と低温側の温度差による変形を避けるために熱をうまく分散させなければならない。

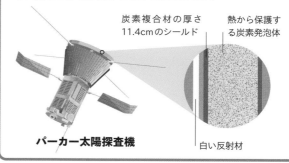

炭素複合材の厚さ11.4cmのシールド／熱から保護する炭素発泡体／**パーカー太陽探査機**／白い反射材

宇宙での推進力

宇宙機を地表から離陸させるには化学推進ロケットが必要であるが、軌道上、あるいはさらに遠方ではもっと効率のよい方法が使えるようになっている。

電子とキセノン原子の衝突

放電室

イオンエンジンのしくみ
スラスタ（推進器）では、まずキセノンの中性気体を放電室でイオン化し、高い電場の中で加速する。加速されたイオンは宇宙空間へ噴射されてロケットの推力となる。

大きさが等しく逆向きの力

正電極グリッド

負電極グリッド

凡例
- ◯ キセノン原子
- ● キセノンイオン
- ◯ 電子

スラスタを出る
キセノンイオン

4 **イオン噴射**
スラスタの後部から噴射したイオンは効率よく小さな推力を生み出す。宇宙機は反作用によって前方へ押される。中和器から同時に電子を噴射し、イオンを中和する。

グリッド間の高電圧でキセノンイオンを加速する

3 **加速**
キセノンイオンは電極の間の高電圧による強い電場で加速される。

イオンエンジン
イオン推進器は荷電粒子（イオン）を超高速で噴射して小さな推力を発生する静電加速型の電気推進である。このしくみでわずかな燃料を消費しながら、何ヶ月にもわたってエンジンを動かすことで、宇宙機は高速に達し、長距離を飛行することができる。小惑星ケレスとヴェスタ（62-63頁参照）へのドーンや小惑星イトカワへのはやぶさ（61頁参照）などのミッションでイオンエンジンはすでに使われている。

イオンエンジンの継続時間は？
NASAのドーンは2018年までの11年間にわたるミッションの間にイオンエンジンを合計5.9年間稼働し時速4万1,400kmを達成した。

ドーンのイオンエンジンによる**推力**は**2枚のA4版用紙**を静かに**手で支える**ほどの力である

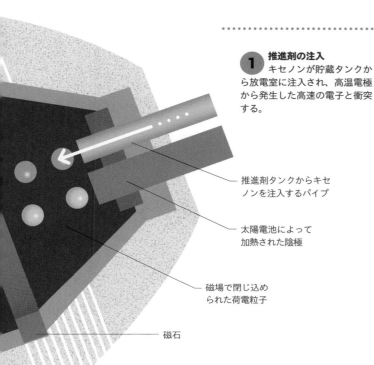

1 推進剤の注入
キセノンが貯蔵タンクから放電室に注入され、高温電極から発生した高速の電子と衝突する。

推進剤タンクからキセノンを注入するパイプ

太陽電池によって加熱された陰極

磁場で閉じ込められた荷電粒子

磁石

2 イオン生成
推進剤であるキセノン原子に電子が衝突し、原子は正電荷のキセノンイオンになる。

宇宙機の操縦

多くの宇宙機や人工衛星はその姿勢や方向を変えるために少量のジェットを噴射する推進器を備えている。燃料は宇宙では貴重な必需品なので、推進器の使用手順は綿密に計画される。精密な調整のためにリアクションホイールを使う場合もある。これはある軸の周りに回転する電動の円盤で、宇宙機をその回転と逆方向に回す。

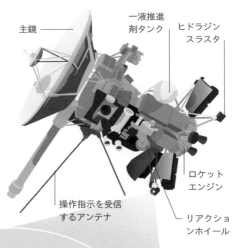

主鏡

一液推進剤タンク

ヒドラジンスラスタ

ロケットエンジン

リアクションホイール

操作指示を受信するアンテナ

宇宙での方向制御
NASAのカッシーニオービターのような宇宙機はリアクションホイールとヒドラジンスラスタ、および従来の化学ロケットエンジンの組み合わせで方向の調整をしている。

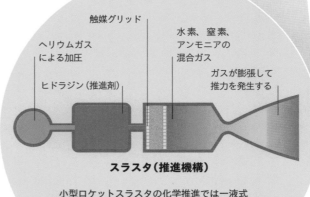

触媒グリッド

ヘリウムガスによる加圧

ヒドラジン（推進剤）

水素、窒素、アンモニアの混合ガス

ガスが膨張して推力を発生する

スラスタ（推進機構）

一液推進剤式スラスタ

小型ロケットスラスタの化学推進では一液式推進剤、すなわち触媒に触れたときに自動的に分解して膨張するガスになり推力を発生するような化合物を使っている。

ソーラーセイル

太陽の光による圧力を利用する推進方式をソーラーセイルという。光の粒子である光子には質量はないが、大きな面積のセイルでの反射によって運動量が与えられる。ソーラーセイルはイオンエンジンと同じように小さな推力を長期間にわたって発生する。この技術は日本のイカロス宇宙機が2010年に実証実験に成功している。

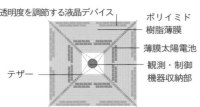

透明度を調節する液晶デバイス

ポリイミド樹脂薄膜

薄膜太陽電池

テザー

観測・制御機器収納部

ソーラーセイル実証機イカロス

サーベイヤーの月面降下
1966年から1968年にかけてNASAは一連のサーベイヤー探査機を月面に着陸させて、のちの有人アポロ計画のために技術テストを繰り返した。

月面着陸

月のような空気のない世界に軟着陸するためには、最初に進行方向と逆にエンジンを噴射して速度を落とし、軌道から外れるようにしなければならない。表面への接近中はドップラーレーダーで高度と下降速度を計測する。回転ノズルのある補助ロケットを操作して最終的に接近し、あらかじめ決めた高度で、あるいは引き出したプローブが月面に触れたときにエンジンを切る。

時速9,400kmで接近する宇宙機

1 逆推進操作
着陸の30〜40分前にサーベイヤーは、小さな補助ロケットを使ってメインエンジンが真っ直ぐ下を向くように修正する。

2 メインエンジン点火
サーベイヤーのメインエンジンは、高度を確認するレーダーの指令で、月面上空75kmのところで40秒間噴射する。

月の表面を解析するドップラーレーダー

3 月着陸
ドップラーレーダーと高度計でコントロールしながら補助エンジンがサーベイヤーを着陸させる。エンジンは高度3.4mで切られて、宇宙機は月面に降下する。

衝撃吸収用の脚

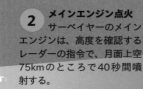
ドップラーレーダー

逆推進ロケットを投棄するとドップラーレーダーが起動する

3本の外側のビームで速度を測る

中央のビームで高度を測る

ビーム1

ビーム2

ビーム4

ビーム3

延ばして使える電動ショベル

軟着陸

空気のない世界に着陸することは簡単そうだけれども細心の注意が必要である。宇宙機は空気抵抗で減速することができないので、逆推進ロケットを使って下降速度を落とさなければならない。

宇宙機**ロゼッタ**に搭載されていた**着陸機フィラエ**は**2014年11月**に**チュリュモフ-グラシメンコ彗星**に**秒速1m以下**という速度で着陸した

初めて地球以外の天体に軟着陸した宇宙機は？

1966年、当時のソ連のルナ9号は時速22kmの衝撃をエアバッグで受け止めて「嵐の大洋」に到着、世界で初めて月面軟着陸に成功した。

タッチダウンへの行程

彗星や小惑星などの重力の小さい天体を周回している宇宙機はスラスタを利用した小さな噴射で簡単に軌道を調整することができる。目的の天体をより正確に視野に入れるために徐々に旋回しながら近づいて最終的に天体の表面に静かに着陸する。

ロゼッタの経路

2016年9月、チュリュモフ・グラシメンコ彗星へのミッションの最後に欧州宇宙機関の宇宙機ロゼッタは彗星表面へ落とされることになった。

1 最終の軌道周回
ロゼッタは最後の周回で表面から5km以内まで接近した。

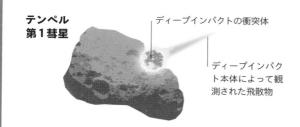

4 タッチダウン
ロゼッタは着陸数秒前まで写真を送信し続けてマアト着陸地点に達した。

3 最後の噴射
高度19kmでの208秒間の最終噴射によってロゼッタは着陸地点の真上に至った。

2 外向きにスイング
2回目に彗星を回ったのちロゼッタの進路は下降と着陸を目指して修正された。

最終的な接近開始

衝撃着陸

宇宙機をわざと高速で天体の表面に激突させることもある。2005年、NASAのディープインパクト探査機は円筒形の衝突体をテンペル第1彗星の表面に向けて発射し、飛散した粉塵を観測した。

テンペル第1彗星
ディープインパクトの衝突体
ディープインパクト本体によって観測された飛散物

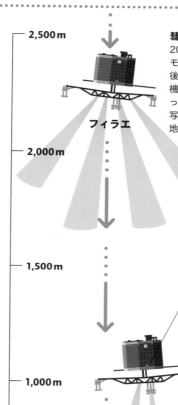

彗星への着陸

2014年にロゼッタはチュリュモフ・グラシメンコ彗星に到着後、フィラエという小型の着陸機を降下させた。ロゼッタと違ってこれは彗星表面に近づいて写真撮影をしながらゆっくり着地するように設計されていた。

フィラエ

1 フィラエ切り離し
フィラエ着陸機は、彗星へ降下するように高度20kmでロゼッタから切り離された。

最初のバウンドで1kmの高さまで跳ね上がった

2 タッチダウン
表面に接触するときには、2個のハープーン（銛）が表面の岩石に打ち込まれる前に機体が跳ね返るのを防ぐ目的で、着陸機の後ろのガス推進器が噴射することになっていた。

着地2回目
着地1回目
着地3回目

3 2バウンド
最終的な解析によれば着陸機のハープーンは動作せず、フィラエは彗星の表面で2回バウンドし、ソーラーパネルの再充電が不可能な日陰の割れ目に横倒しになって停止したとみられている。

有人宇宙船

宇宙飛行士が搭乗する宇宙船は、飛行士の生命を維持し、安全に帰還させるために特別な機器を搭載しなければならいので、遠隔操縦の無人宇宙機よりは大きく、ずっと複雑なものになる。

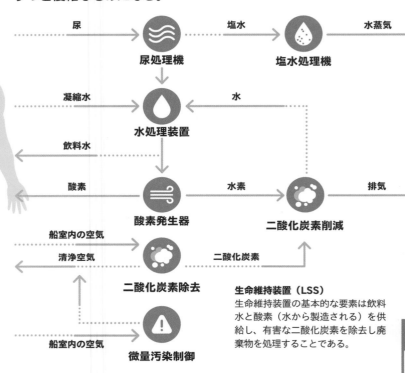

尿 → 尿処理機 → 塩水 → 塩水処理機 → 水蒸気

凝縮水 ← 水処理装置 ← 水

飲料水 ←

酸素 ← 酸素発生器 → 水素 → 二酸化炭素削減 → 排気

船室内の空気 → 二酸化炭素除去 ← 二酸化炭素
清浄空気 ←

船室内の空気 → 微量汚染制御

生命維持装置（LSS）
生命維持装置の基本的な要素は飲料水と酸素（水から製造される）を供給し、有害な二酸化炭素を除去し廃棄物を処理することである。

アルミニウム合金の船体

熱と衝撃を遮断する多層構造

ドッキング用のアンテナ

ドッキング機構のプローブ

軌道モジュール

船室は地球と同じ窒素と酸素の大気で地表の気圧に保たれている

ソユーズの打ち上げはこれまでに140回以上成功

着水帰還

海への帰還を目指す宇宙船にとっては素早い回収が重要である。2020年、スペースX社の有人宇宙船クルードラゴンのデモ2ミッションは待機していた回収船の目の前で、アポロ計画終了以来45年ぶりの着水帰還に成功した。

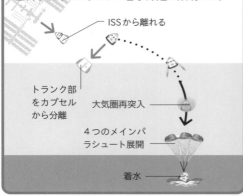

ISSから離れる

トランク部をカプセルから分離

大気圏再突入

4つのメインパラシュート展開

着水

有人宇宙船

1961年にロシアとアメリカの宇宙飛行士が初めて宇宙に飛び出して以来、300以上の有人宇宙飛行が成功している。現在では多くの国の男性も女性も宇宙飛行士になれるけれども、有人宇宙船を開発し打ち上げているのはアメリカ、ロシア、中国の３カ国だけである。

	ソユーズ	アポロ	神舟（シェンチョウ）	オリオン
国	ロシア	アメリカ	中国	アメリカ
乗員数	3	3	3	4〜6
運行状況	1967年〜現在	1968〜1975年	2003年〜現在	2023年以降
長さ	7.5m	11m	9m	8m

機械・推進モジュール

還モジュール

ドッキング用の後部アンテナ

後部ロケットエンジンと燃料タンク

重要な部分を保護するフェアリング

特別仕様の3座席

ペリスコープ（潜望鏡）

姿勢制御用小スラスタ

帰還モジュールと機械モジュールを分離する再突入熱シールド

大気圏に再突入した宇宙船の最高温度はどのくらい？

温度は大気圏に接近する速度と角度で違う。スペースシャトルの場合には1,500℃だったが、アポロでは2,800℃まで上昇した。

宇宙船を遠隔操縦するための電波アンテナ

発電用の太陽光パネル

生命維持装置

すべての有人宇宙船と同じようにロシアのソユーズにも乗組員の宇宙での安全な生活を維持し、地球への無事な帰還に必要なさまざまな装置が搭載されている。この宇宙船の軌道モジュールと帰還モジュールには普通の服装で作業のできる与圧システムがあり、作業中に宇宙服を着る必要はない。与圧のない機械・推進モジュールには電力、推力、生命維持装置への補給物資が装備されている。

ソユーズ宇宙船
1960年代から運用されているロシアの宇宙船ソユーズは3人の宇宙飛行士が搭乗でき、別の宇宙船にドッキングすることもできる。

地球への帰還

宇宙船の帰還のときには再突入の際の空気との摩擦によって下降速度を落として、ある高度まで降りてからパラシュートを開くことが多い。再突入用、あるいは降下用のモジュールは、溶解して熱を取り去ってしまうような熱シールドを備え、過酷な高温を広い底面に送る方向に機体自身が向くように普通は円錐形になっている。アメリカの宇宙船は回収船舶が待ち構えている海洋に着水し、ロシアや中国の陸上に帰還するカプセルは最終的に下降するときには逆噴射ロケットを使用して減速している。

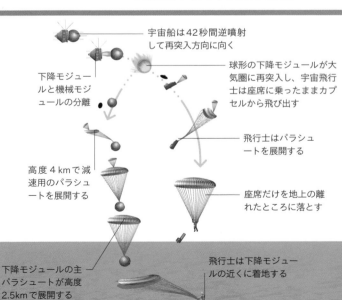

宇宙船は42秒間逆噴射して再突入方向に向く

下降モジュールと機械モジュールの分離

球形の下降モジュールが大気圏に再突入し、宇宙飛行士は座席に乗ったままカプセルから飛び出す

飛行士はパラシュートを展開する

高度4kmで減速用のパラシュートを展開する

座席だけを地上の離れたところに落とす

下降モジュールの主パラシュートが高度2.5kmで展開する

飛行士は下降モジュールの近くに着地する

安全な着地

ボストーク1号のような当時のソビエト連邦の初期の宇宙船の飛行士は大気圏再突入後の高度約7kmでカプセルから射出座席で脱出しパラシュートを開いてカプセルとは別に安全に着地した。1964年からのボスホート宇宙船では飛行士は再突入カプセルに乗ったまま着陸した。

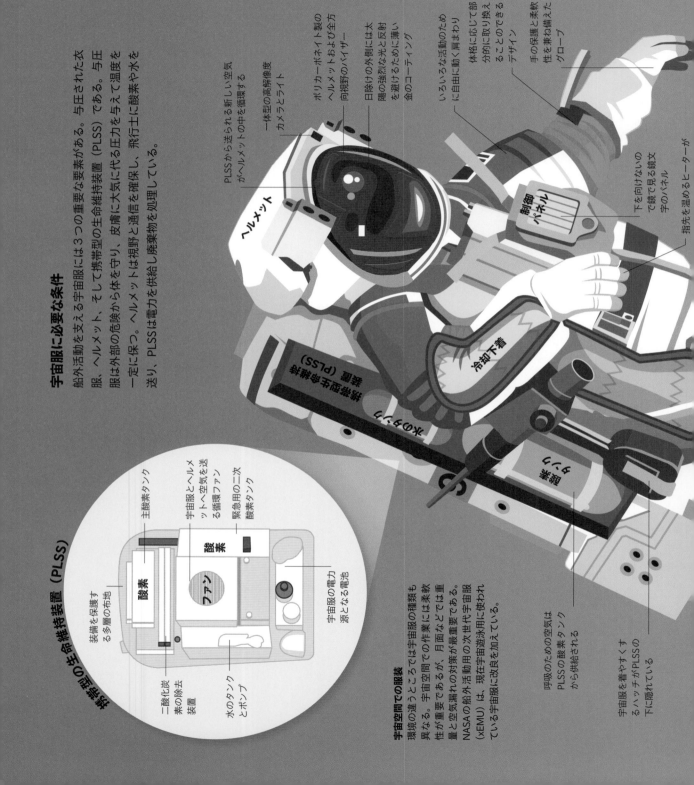

宇宙服に必要な条件

船外活動を支える宇宙服には３つの重要な要素がある。与圧された衣服、ヘルメット、そして携帯型の生命維持装置（PLSS）である。与圧服は外部の危険から体を守り、皮膚に大気に代わる圧力を与えて温度を一定に保つ。ヘルメットは視野と通信を確保し、飛行士に酸素や水を送り、PLSSは電力を供給し廃棄物を処理している。

携帯型の生命維持装置（PLSS）

環境の違うところでは宇宙服の種類も異なる。宇宙空間での作業には柔軟性が重要であるが、月面などでは体を守り空気漏れへの対策が最も重要である。NASAの船外活動用の次世代宇宙服（xEMU）は、現在宇宙遊泳用に使われている宇宙服に改良を加えている。

宇宙空間での服装

装備を保護する多層の布地

二酸化炭素の除去装置

水のタンクとポンプ

宇宙服の電力源となる電池

酸素

ファン

酸素

主酸素タンク

宇宙服とヘルメットへ空気を送る循環ファン

緊急用の二次酸素タンク

呼吸のための空気はPLSSの酸素タンクから供給される

宇宙服を着やすくするハッチがPLSSの下に隠れている

PLSSから送られる新しい空気がヘルメットの中を循環する

一体型の高解像度カメラとライト

ポリカーボネイト製のヘルメットおよびバイザー
向視野のバイザー

日除けの外側には太陽の強烈な光を反射を避けるために薄い金のコーティング

いろいろな活動のために自由に動く肩まわり

体格に応じて部分的に取り換えることのできるデザイン

手の保護と柔軟性を兼ね備えたグローブ

下を向けないので鏡で見る鏡文字のパネル

指先を温めるヒーター

ヘルメット

制御パネル

冷却下着

携帯型生命維持装置（PLSS）

ポケット

宇宙靴

船外活動に必要な防護

地球大気を離れた宇宙船の外での作業には、さまざまな危険な粒子や放射線から宇宙飛行士を保護するために各種の装備の可能性になる。

太陽フレア

太陽からの高エネルギー粒子は電子機器に電磁的な障害をもたらす。

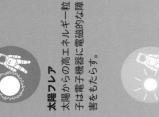

宇宙線

太陽系の外からの高速な粒子や高エネルギーの放射が素材を透過してしまう。

紫外線

強い可視光や紫外線は宇宙飛行士の目に傷害を与える可能性がある。

バンアレン帯の放射線

地球の周りのバンアレン帯に捕捉された放射線は宇宙飛行士の体の細胞に傷害を与えるかもしれない。

宇宙服

宇宙服はそれだけですべてが間に合う完璧な装備。宇宙船の外や地球以外の天体のほとんど真空の空間で作業をするときに、周囲の危険から宇宙飛行士を守り、必要なものを供給するように設計されている。

宇宙飛行士は宇宙に滞在中に3%も身長が伸びることがある

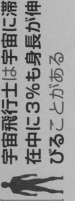

回転関節架台

船外作業のために固定足とレーザーをつけた回転架台

皮膚表面の圧力を保つ3層の伸縮性のよい素材

月面の塵による破れや流星塵による損傷を避けられる多層構造

底の柔軟な歩きやすいハイキング型のブーツ

低重力での行動のために腰と膝の可動性が増強されている

（命綱！）
（テザー）

ロボノート

NASAは宇宙飛行士の船外活動の量を減らすために、国際宇宙ステーションの中や周辺での日常作業に携わるヒューマノイドロボットのロボノートを開発した。

立体視カメラを組み込んだバイザー

コンピュータを内蔵した胴体

人のように握れる手

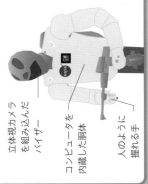

初めて宇宙遊泳をしたのは誰？

ロシア人のアレクセイ・レオーノフ宇宙飛行士が1965年3月18日にボスホート2号から離れて12分9秒間の宇宙遊泳をした。

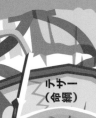

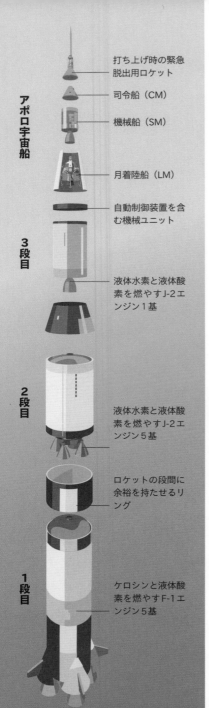

アポロ宇宙船

打ち上げ時の緊急
脱出用ロケット

司令船（CM）

機械船（SM）

月着陸船（LM）

自動制御装置を含
む機械ユニット

3段目

液体水素と液体酸
素を燃やすJ-2エ
ンジン1基

2段目

液体水素と液体酸
素を燃やすJ-2エ
ンジン5基

ロケットの段間に
余裕を持たせるリ
ング

1段目

ケロシンと液体酸
素を燃やすF-1エ
ンジン5基

アポロの打ち上げ

アポロ宇宙船を月へ送るためにはそれ
までにない強力なロケットが必要だった。
サターンV型の3段のロケットはまず地
球低軌道へアポロを運び、地球の重力か
ら自由になってから3段目が再点火して
宇宙船を月軌道への航路に乗せた。

月面着陸

1969年から1972年の間にアメリカ合衆国はアポロ
計画の6回のミッションに成功し、宇宙飛行士が月を
訪れた。それぞれのミッションでは3部構成の宇宙船
が巨大なサターンV型ロケットで打ち上げられた。

アポロの旅
着陸用の月着陸船と、月軌道を周回するそれより
大きな司令・機械船を別にすることで、月軌道上
でのランデブーという前代未聞の複雑なオペレー
ションと引き換えに打ち上げの際のペイロードは
大きく軽減された。

司令船は大気再突入時には180°
回転し熱シールドを下に向ける

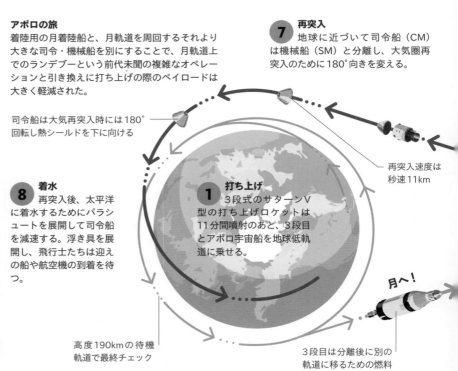

7 **再突入**
地球に近づいて司令船（CM）
は機械船（SM）と分離し、大気圏再
突入のために180°向きを変える。

再突入速度は
秒速11km

8 **着水**
再突入後、太平洋
に着水するためにパラシ
ュートを展開して司令船
を減速する。浮き具を展
開し、飛行士たちは迎え
の船や航空機の到着を待
つ。

1 **打ち上げ**
3段式のサターンV
型の打ち上げロケットは
11分間噴射のあと、3段目
とアポロ宇宙船を地球低軌
道に乗せる。

月へ！

高度190kmの待機
軌道で最終チェック

3段目は分離後に別の
軌道に移るための燃料
を残している

月への往還

アポロのミッションではいずれも3人の宇宙
飛行士がおよそ40万km先の月まで送られた。
メンバーの1人は司令・機械船（CSM）に残
って月を周回し、他の2人が月着陸船（LM）
に乗って月面に降り立った。月面での任務の
終了後、LMの上側半分を発射し、地球帰還
のために月周回軌道上のCSMと再び結合し
た。最終的に司令船（CM）がほかの部分を
分離して大気圏に再突入した。

 **6回のア
ポロのミッション
で合計382kgの月
の岩石**が地球に運
ばれた

月着陸船

真空に近い空間でのみ飛行するように設計された妙な形のアポロ月着陸船はクモのような下降段と与圧された上昇段で2人の宇宙飛行士を乗せるようにできていた。どちらの段もエンジンを備え、上昇段は月面活動の終了後に月軌道へ戻るようになっていた。

月への着陸

月面への降下の最終段階では、主下降エンジンと、4つのリアクション制御スラスタ（上昇段の周りに取り付けられた小さなロケット）を使った注意深い操縦が必要だった。

下降エンジンの逆噴射で着陸船を接近経路に乗せる

着陸船は垂直方向に向く

停止のために下降エンジンにもう一度点火する

高度

3,050m　2,950m　910m　150m

最終制動の段階　目視で確認　着陸

③ 着陸船の装着

CSMは180°回転して月着陸船（LM）の上昇段とドッキングし、格納された着陸船を引き出す。

月着陸船の上昇段と結合したCSM

④ 周回と着陸へ

CSMのエンジンを噴射して減速し宇宙船は月周回軌道に入る。2人の宇宙飛行士が着陸船に乗り込んで月面へ降下する。

月着陸船は放棄される

帰還へ

サターンⅤ型ロケットの最終段は投棄される

月

② 月遷移軌道に入る

最初の安全確認が終わったら3段目のロケットは再点火して宇宙船を月遷移軌道に乗せたのち、分離して落下する。

⑥ 地球へ帰還

司令船は地球への帰還軌道に乗るためにエンジンに点火する。月と地球の間の航行には2日か3日かかる。

着陸船は降下軌道へ

⑤ 月周回軌道上でのランデブー

月面でのミッション終了後、月着陸船の上昇段を発射して月軌道上のCSMとドッキングする。収集した試料を携えた宇宙飛行士が乗り移って、LMは投棄される。

月着陸前にしたテストの回数は？

アポロ7号から10号までの4回の有人ミッションで地球と月を周回して着陸前の宇宙船のテストを繰り返した。

月面活動用の乗り物

アポロの最後の3回のミッションでは月面車を降ろして着陸地点からの活動範囲を広げた。軽量でも頑丈で電池で駆動する車は自重の2倍の積載が可能で最大時速は18kmに達した。

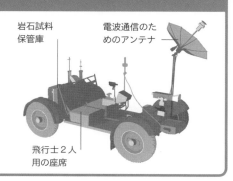

岩石試料保管庫

電波通信のためのアンテナ

飛行士2人用の座席

スペースシャトルでの作業

7人ほどの宇宙飛行士や搭乗科学技術者を乗せて宇宙へ出ると、シャトルのオービターではさまざまな仕事をすることができた。大きな与圧エリアには実験室と生活空間があり、広い減圧貨物室は実験や人工衛星の放出や保守のための回収、国際宇宙ステーションへの資材の輸送などに使われていた。貨物室には、実験や作業のために実験室を拡張できる宇宙実験室と呼ばれる大きな与圧モジュールも積み込まれていた。

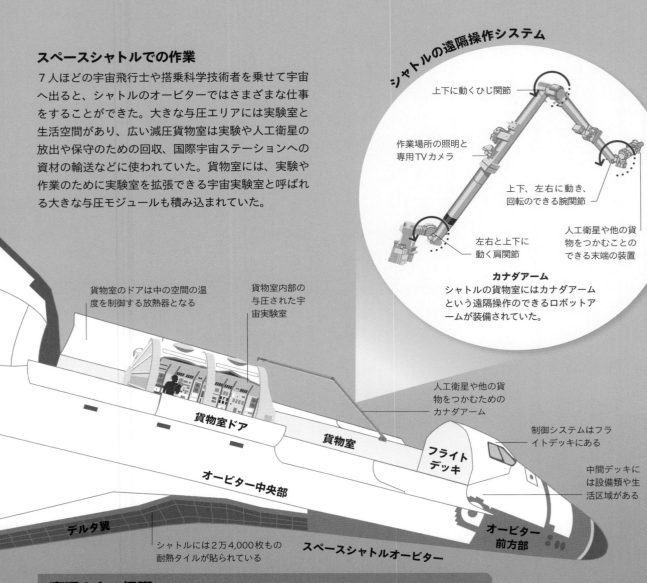

シャトルの遠隔操作システム

上下に動くひじ関節

作業場所の照明と専用TVカメラ

上下、左右に動き、回転のできる腕関節

左右と上下に動く肩関節

人工衛星や他の貨物をつかむことのできる末端の装置

カナダアーム
シャトルの貨物室にはカナダアームという遠隔操作のできるロボットアームが装備されていた。

貨物室のドアは中の空間の温度を制御する放熱器となる

貨物室内部の与圧された宇宙実験室

人工衛星や他の貨物をつかむためのカナダアーム

貨物室ドア

貨物室

フライトデッキ

制御システムはフライトデッキにある

中間デッキには設備類や生活区域がある

オービター中央部

オービター前方部

デルタ翼

シャトルには2万4,000枚もの耐熱タイルが貼られている

スペースシャトルオービター

高温からの保護

他の宇宙船では、大気圏再突入時に熱量を奪ったまま壊れて飛び散ってしまうような熱シールドを使っているが、オービターの胴体は何種類かの恒久的な断熱材で保護されていた。もっとも高温になる部分に使われたセラミックタイルは、損傷や摩耗に対して強いことがわかっていたが、一件の悲惨な事故を起こしてしまった。

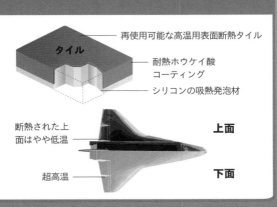

タイル

再使用可能な高温用表面断熱タイル

耐熱ホウケイ酸コーティング

シリコンの吸熱発泡材

断熱された上面はやや低温

上面

超高温

下面

シャトルは逆転し空気抵抗を減らす

打ち上げの際はメインエンジンとSRBに点火する

スペースシャトル

NASA（アメリカ航空宇宙局）のスペースシャトルは、小さな旅客機ほどの大きさの再使用可能な宇宙船と従来型のロケットを組み合わせた画期的な打ち上げシステムであって、1981年から2011年までアメリカの宇宙への進出を支え続けた。

スペースシャトルは何機あったか？

NASAには、最初はコロンビア号、チャレンジャー号、ディスカバリー号、アトランティス号の4機の飛行可能なオービター、および試験機としてのエンタープライズ号があった。2機が事故で失われ、1992年にエンデバー号が建造された。

ミッションの概要

スペースシャトルはオービターを大きな外部燃料タンクに固定して垂直に打ち上げられた。タンクにはオービターの3基のエンジン用の燃料が入っていた。燃料タンクの両側の固体ロケットブースター（SRB）が打ち上げ推力を補った。宇宙へ出るとシャトルは軌道制御システム（OMS）で運用される。宇宙に1週間以上も滞在ののち、オービターは姿勢を逆転してメインエンジンを噴射、地球大気圏に再突入し、動力なしのグライダー（滑空機）として水平に着陸した。

スペースシャトルの**オービター**は打ち上げ重量が**110トン**もあり、これまでに**地球軌道に投入された宇宙船で**は**もっとも重い**

使い切ったSRBが投棄される

宇宙を航行するオービター

大気圏に再突入ののちは操縦翼が作動する

外部燃料タンク

外部燃料タンクは高層大気への再突入時に壊れてしまう

SRB

SRBを回収して再使用するためにパラシュートを開いて着水させる

3 地球低軌道
スペースシャトルのメインエンジンは8分30秒後に停止し、外部燃料タンクは投下される。シャトルをこのミッションに必要な軌道高度に投入するためにOMSが作動する。

再び向きを変える

2 SRBの分離
2分間飛行後に高度46kmに到達し、ボルトを爆破して空になったSRBを切り離す。

4 大気圏再突入
ミッションの最後にオービターは180°向きを変え、OMSがエンジンを噴射して減速し、大気圏に入る前に再び前部を進行方向に向ける。

1 打ち上げ
スペースシャトルを地上で打ち上げるには、外部燃料タンクから燃料を供給するシャトルの3基のメインエンジンの他に2基のSRBが必要である。

5 滑空による着陸
オービターはコンピュータ制御によって機体を傾けることを繰り返して音速以下に減速し、最後はパイロットが操縦を引き継いで着陸する。

着陸10秒前に車輪を出す

オービターは滑空をはじめる

宇宙ステーション

宇宙における半永久的な基地、宇宙ステーションでは宇宙飛行士が宇宙に滞在できる時間が長くなり、無重力や高真空の環境で長期間の実験を実施できるようになっている。

国際宇宙ステーション

これまでに建設された最大の宇宙ステーションである国際宇宙ステーション（ISS）は地球低軌道を周回している。15棟の与圧モジュールには、ヨーロッパ、アメリカ、ロシア、日本の実験室があり、平均6人の宇宙飛行士が常に生活し、作業をすることができる。各モジュールは中央の柱に接続されていて、トラス構造と呼ばれている。宇宙環境を利用した実験のためのエリアの外側には各種の作業をするロボットアームが設置されている。トラスに接続されたフットボール場より幅の広い太陽電池パドルが常に太陽の方向に向けられて電力を供給している。

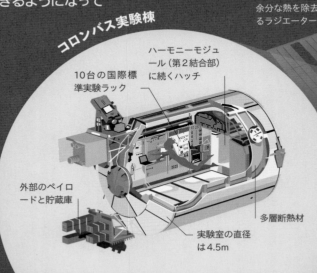

コロンバス実験棟

ロシアのズヴェズダモジュールには宇宙飛行士2人分の居住空間がある

メイントラスは宇宙ステーションの根幹となっている

余分な熱を除去するラジエーター

10台の国際標準実験ラック

ハーモニーモジュール（第2結合部）に続くハッチ

外部のペイロードと貯蔵庫

実験室の直径は4.5m

多層断熱材

ステーションの電力を供給する両面構造で可動な太陽電池パドル

欧州宇宙機関（ESA）のコロンバス実験棟は2008年にスペースシャトルのアトランティス号によって打ち上げられた。ISSの主要な実験室の1つで、ESAとNASAが共同で実験室を利用している。

軌道上での建設作業

ISSの建設はそれまでに宇宙で実行されたもっとも複雑な作業だった。主な建設作業にはアメリカのスペースシャトルが資材の運搬とロボットアームによる組み立て作業に大きな役割を果たし1998年から2011年までかかった。最初は3人ずつの乗組員チームが、スペースシャトルかロシアのソユーズで到着して期間をずらして6ヶ月間滞在していた。2011年以降はソユーズが唯一の往復手段になったが、現在は民間の宇宙船も分担するようになった。

地球周回軌道

地上からの平均高度409kmのISSの軌道は赤道に対して51.6°傾いていて、92.7分間で地球を一周、毎日15.5周している。実際の軌道の高度は右図より低く、181頁の地球低軌道に近い。ISSの平均周回速度は時速2万7,724kmである。

2000年10月31日以来、国際宇宙ステーションが無人になったことはない

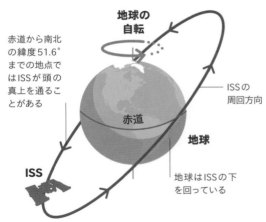

地球の自転

赤道から南北の緯度51.6°までの地点ではISSが頭の真上を通ることがある

赤道

地球

ISSの周回方向

ISS

地球はISSの下を回っている

アメリカのユニティモジュールはステーションの心臓部に位置している

ロボットアームのカナダアーム2はメイントラスに沿って移動する

クルーロックを封鎖するための内側ハッチ

船外活動用のハッチ

宇宙服保管および装着室

装備ロック

クルーロック

ISSに接続されたソユーズ宇宙船は緊急時の脱出用になっている

日本のきぼう実験棟には物資専用出入口の小さなエアーロックがある

アメリカのハーモニーモジュールには4人分の居住空間がある

アメリカのデスティニー実験棟では微小重力実験設備などが利用できる

クエストエアーロックには宇宙服の装着用の装備ロックと飛行士がステーションを出入りできるクルーロックがある。船外活動用のハッチを開ける前にクルーロックの空気を排出し、活動が終わってハッチを閉じた後で再びクルーロックに空気を入れる。

クエストエアーロックモジュール

ISSの建設
ISSはNASAとロシア連邦宇宙局（現ロスコスモス国営宇宙公社）が世界中の宇宙機関の協力を得て共同で建設した宇宙における自立型の有人施設である。ステーション建設の中心は30回を超えるロケットによる資材の打ち上げ、およびスペースシャトルによる組み立てフライトであった。

宇宙に連続してもっとも長く滞在したのは誰？

ロシアの宇宙飛行士ヴァレリー・ポリャコフは1994年から95年にかけての438日間、継続してミール宇宙ステーションに滞在した。

宇宙ステーションの歩み

1970年代のサリュート宇宙ステーションはソビエトが軍事目的に開発したエアーロック1基のものに続いて開発された。1973年にはNASAがアポロの残存部品を利用してスカイラブを打ち上げた。1977年のサリュート7号はエアーロック2基の初めてのステーションで、ステーションを無人にすることなく飛行士が乗り込んだり交代したりできる。1988年から2001年まで運用されたミールは複数の与圧ユニットをモジュールとして配置してISSのデザイン計画の先駆けとなった。

運用を終了した宇宙ステーション			
名称	国	打ち上げ年月	概要
サリュート1号	旧ソビエト連邦	1971年4月	アルマースと呼ばれた一連の宇宙ステーション計画の最初のものだったが、最初の飛行士3名の地球への帰還途上の死亡事故のため破棄された。
スカイラブ	アメリカ	1973年5月	NASAのスカイラブは予備のサターンロケットを改造して作られたが、打ち上げ時に損傷した。修理後、1973年から74年にかけて2回飛行士が滞在した。
ミール	旧ソビエト連邦	1986年2月	ミールは10年以上をかけて最終的に7つの与圧モジュールで構成され、1990年代にはアメリカのスペースシャトルが8回ドッキングした。
天宮1号	中国	2011年9月	中国の宇宙ステーションの試験機であった天宮1号には、2年間の運用中に自動操縦の無人宇宙船が1回、有人の宇宙船神舟が2回ドッキングした。

別の天体への着陸

別の天体の表面にうまく着陸するには単なる逆推進ロケットよりも複雑なシステムが必要になる。特に、その天体の大気が地球よりも大幅に希薄だったり、逆に濃厚だったりするときには。

キュリオシティの火星着陸

火星の表面に到達するための課題は宇宙機の大きさによって違ってくる。火星の大気はかなりの摩擦を生み出すので突入する宇宙機には熱シールドが必要である。パラシュートだけで重い着陸機を減速するには大気は薄すぎるが、逆噴射ロケットに頼っても安定しないほどどの濃度はある。キュリオシティローバーはいくつもの技術を組み合わせてみごと計画通りに着陸した。

火星着陸

キュリオシティの降下には、大気による減速、パラシュート、そしてスカイクレーンと呼ばれる複雑な機械を組み合わせ、下降開始後は地球からの直接のコントロールなしに進行した。

① 火星への最終接近
2部式の防護シェルに包まれたキュリオシティローバーは軌道上で運搬機と分離されて火星の表面に向けて降下を始める

○ 軌道上の運搬機

着陸1,016秒前

② エアロブレーキ
上層大気による抵抗、すなわちエアロブレーキによってキュリオシティは秒速5.8kmから秒速470m程度にまで4分間で減速する

着陸896秒前

火星大気圏突入

着陸416秒前

高度125km

プローブの熱シールドの温度は最高に達する

金星に初めて着陸したのは？

1970年、旧ソビエト連邦のベネラ7号は金星表面に初めて軟着陸し約20分間にわたってデータを送信した。80年代を最後に金星着陸は途絶えている。

金星着陸

火星と比較して金星に着陸することはさらに困難である。大気は濃くてパラシュートを使用しやすいが、はるかに有毒性と腐食性が強い。それでも重装備のベネラ探査機シリーズは1970年代と80年代に無事に降り立った。

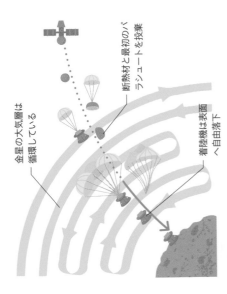

金星の大気層は循環している

断熱材と最初のパラシュートを投棄

着陸機は表面へ自由落下

困難な降下
ベネラ着陸機はエアロブレーキとパラシュートを組み合わせて金星表面に降り立った。最後の50kmの落下では濃い大気がクッションになった。

火星にバウンド着陸

2004年、2機のマーズローバー、スピリットとオポチュニティは火星に到着後、エアロブレーキとパラシュート、逆推進ロケットを使用し、最後はエアーバッグに包まれて落下した。

着陸機が正しい姿勢になるように順にバッグの空気を抜く

スカイクレーンによる降下

スカイクレーンはキュリオシティを火星表面にそっと降ろしてから飛び去った。

8基のスラスタが起動してスカイクレーンを持ち上げる

ローバーの車輪を出す

安全な距離まで飛び去ってから表面に衝突する

車輪の着地がスカイクレーン切り離しの信号となる

高度10km

高度11km

熱シールドを分離しレーダーがデータ収集を開始

直径16mのパラシュート

着陸162秒前

3 パラシュート
超音速の段階でパラシュートを展開し、ローバーの下降速度を秒速100mまで下げる。

着陸138秒前

逆噴射

高度1.8km

4 スカイクレーン
下降の最終段階でローバーはスカイクレーンと呼ばれるプラットフォームに吊り下げられて着陸地点まで運ばれる。

ローバーは地上約20mからスカイクレーンに吊るされる

キュリオシティの火星大気突入速度は秒速5.8km

火星を進むローバー

人間が他の惑星を安全に探策できるようになるまでは、ローバーと呼ばれる車輪のついた自走式ロボットが代役を務める。火星にはこれまでに5台のローバーが派遣された。どれもがその前任のものよりも性能が高く、さらに複雑な科学の課題に対応できるものになっている。

マーズローバーのキュリオシティ

2012年、乗用車サイズのキュリオシティは火星の古代の湖底に着陸した。そこは科学者たちが過去の火星に生命存在の可能性の証拠を見つけることができないかと期待した場所だった。火星に着陸した最新鋭のローバーは車上実験室や最新型のカメラ、気象観測装置、それに岩石を削ったり試料を集めたりできる万能型のアームを備えている。

火星表面の探査

キュリオシティは離れたところの岩石試料を同定できるレーザー駆動の分光器などの多くの科学機器を装備している。

ソジャーナ
全長：65cm

**スピリットと
オポチュニティ**
全長：1.6m

キュリオシティ
全長：3m

パーサビアランス
全長：2m

ローバーの大きさ
火星でのミッションの目的に応じてローバーのサイズや装備が変化している。

はじめて別の天体に着陸したローバーは？

旧ソビエト連邦のルナ17号によって運ばれた無人ローバー、ルノホート1号は1970年に月に着陸した。太陽電池駆動で約10ヶ月間観測を続けた。

探索と分析のための複数のカメラ群

高解像度カラー撮影のできるカメラ
（マストカム）

カメラ（ケムカム）は最大7m離れた岩石層や土をレーザー光で蒸発させて化学分析する

マスト

環境
モニタ

レーザー光

風速、風向、気温を測るセンサー

搭載された放射性のプルトニウムの崩壊熱で発電している

UHF
アンテナ

軌道上の人工衛星との通信用の超高周波（UHF）アンテナ

高利得
アンテナ

放射線
検出器

カメラ、ドリル、X線分光計のついたロボットアーム

電源ユニット
収納庫

中性子
分光器

ドリル

ロボットアーム

試料を掘り出すドリル

車輪は高さ65cmまでの障害を乗り越えられる

試料分析
実験装置

降下用ビデオカメラ

2mもある
アーム

火星での走行

火星表面のでこぼこしたところを進むためにローバーは車体の水平を維持するロッカーボギー機構を使う。地球との電波信号の往復には時間がかかるのでローバーを地球からリアルタイムで操縦することはできない。その代わりに次の通過点へのコースを計画する前にデータと画像を収集する。ローバーはセンサーと搭載されたコンピュータを使って少々の困難を乗り越えて計画された経路を進む。

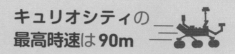

キュリオシティの
最高時速は90m

ボギーは水平

ロッカーも水平

すばやく傾くボギー

車体を水平に保つように調節するロッカー

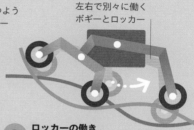

左右で別々に働くボギーとロッカー

1 火星での車輪の動き
キュリオシティには、岩だらけの表面でも進行できる溝がついたアルミ製の大きな6つの車輪がある。それぞれの車輪には独立した駆動モーターがついていて、前と後ろの車輪には操縦用のステアリングモーターもついている。

2 後ろのボギー
ローバーの両側には中央と後ろの車輪と結合するボギーと呼ばれるフレームが連結され、ボギーが傾いてすべての車輪が大体同じように火星の表面に接するようにできる。

3 ロッカーの働き
両側のボギーと前輪はより大きな回転フレームであるロッカーでローバー本体に接続している。したがって6輪がすべて高さの違うところにあってもローバー本体の水平が保たれる。

上から見たキュリオシティ
6輪駆動のキュリオシティには左右の車輪をつなぐ車軸がないので、たとえ車輪のどれかが砂に埋まったり、とがった岩で損傷したりしてもローバーは正常に機能する。

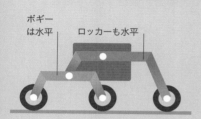

タイヤには24本のV字型の溝がついている

マストに取り付けられた探索用のカメラ（ナブカム）は地形の3D画像を作る

タイヤ

試料保管ユニット

表面の拡大画像を撮るためにロボットアームに設置されたカメラ

チタンのスポークをつけたタイヤ

火星で活躍するローバー

はじめて火星に着陸したローバーは、1997年にNASAのマーズパスファインダーによって運ばれたソジャーナ号で、太陽電池駆動の小型探査車だった。続いて2004年にはもっと大きなスピリットとオポチュニティ、2012年にはマーズサイエンスラボラトリのキュリオシティ、そして2020年に打ち上げられたパーサビアランスは2021年2月に到着した。

フェニックス探査機
バイキング2号
マーズ・パスファインダー
インサイト
バイキング1号
キュリオシティ
ソジャーナ
オポチュニティ
スピリット
マルス3号

メリディアニ平原に着陸したオポチュニティ（2004-2018）

グーセフクレーターに着陸したスピリット（2004-2010）

● 着陸した探査機　　● 自走式ローバー

重力を利用したスイングバイ

2機のボイジャーは重力推進、あるいはスイングバイと呼ばれる技術を利用した。この方法を使えば、動いている惑星の重力場に正しい角度で近づくだけで、宇宙機はエンジンを噴射せずに方向と速さを変えることができる。その惑星から見れば宇宙機は近づいてきたのと同じ速さで離れていくが、太陽、あるいは太陽系から見ればその速さは変化している。

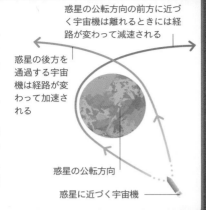

惑星の公転方向の前方に近づく宇宙機は離れるときには経路が変わって減速される

惑星の後方を通過する宇宙機は経路が変わって加速される

惑星の公転方向

惑星に近づく宇宙機

ボイジャー1号が天王星や海王星に行かなかったのはなぜ？

NASAの科学者たちは、少なくともボイジャーのどちらか1機で土星の最大の衛星タイタンの探査をしようとしていた。そのためには土星の南極の下をめざして近づく必要があったので、ボイジャー1号は黄道面からそれてしまい、天王星や海王星には行けなくなった。

惑星の整列

4つの巨大惑星、木星、土星、天王星、海王星が渦巻状の経路に並ぶという1977年ごろの惑星大整列を利用することでボイジャーのミッションが実現した。この整列は175年ごとにしか起こらないけれども、これを利用すれば宇宙機は経路変更のために大量の燃料を消費せずにそれぞれの惑星を順に巡ってスイングバイをしつつ、接近して観測することができる。

海王星の軌道

天王星の軌道

惑星グランドツアー

1977年に打ち上げられた2機のボイジャー探査機は、小惑星帯より外側の太陽系の巨大惑星の姿を初めて人類につぶさに見せてくれた。2機は太陽系を後にして現在もなお、貴重なデータを送り続けている。

星間ミッション

ボイジャー探査機は現在、惑星の軌道のはるか彼方にいるが、2機は今も太陽系の外縁に関する貴重な情報を送り続けている。この場所は、太陽からの高速の粒子で満ちている範囲である太陽圏、すなわちヘリオスフィアが星間空間につながるところである。2機の探査機は原子力電池による電力供給が尽きる2020年代の半ばまでデータを送り続けると期待されている。

太陽風が星間物質にぶつかる場所の衝撃波面をバウショックと呼ぶ

太陽圏の外縁はヘリオポーズと呼ばれている

終端衝撃波面付近で太陽風は音速以下にまで減速される

外向きの太陽風

ボイジャー1号

パイオニア10号

パイオニア11号

ボイジャー2号

銀河宇宙線

太陽系の外へ

太陽系を離れた宇宙機は2機のボイジャーだけではない。木星と土星を観測したパイオニア10号と11号、そして冥王星を探査したニューホライズンズが後に続いている。

ボイジャー探査機

ボイジャーの探査装置は、宇宙機の主要なシステムと科学機器の大部分を収めた10面のベイの周りに組み立てられている。本体から突き出た長いアンテナで電波と磁場を検出し、パラボラアンテナで地球と交信する。ブームの先の可動台にはカメラなどの機器が設置されていて、惑星や衛星を視野に入れている。

観測対象の温度や構造、材質などを調べる分光器

ボイジャー2号

地球に関するデータを記録してそれぞれの探査機に載せたゴールデンレコード

過剰な熱を放出するラジエータ

アンテナ

直径3.7mの高利得アンテナ

ヒドラジン推進器

他の観測機器との干渉を避けるために底部に取りつけられた原子力電池

低磁場測定用ブーム

ボイジャー1号は1980年11月12日に土星に接近しタイタンの観測をした

1979年3月5日に木星観測とスイングバイ

ボイジャー1号は1977年9月5日に打ち上げられた

ボイジャー2号は1977年8月20日に打ち上げられた

地球

1979年7月9日に木星に接近

土星

ボイジャー2号は1981年8月26日に土星に接近観測

天王星

ボイジャー2号は1986年1月24日に天王星に最接近

1989年8月25日に海王星に最接近

海王星

ボイジャー1号はタイタンを観測したので別の惑星への接近観測はできなくなった

ボイジャーの観測機器

磁場の計測器や電波アンテナと並んで、ボイジャーにはカメラや惑星大気の化学分析のための分光器、惑星間空間での粒子検出器などが搭載された。

惑星観測ツアー

打ち上げられた2機のボイジャーは最初に木星の重力で加速し、次に土星を通過した。ボイジャー2号は天王星、海王星へと旅を続けたが、1号はタイタンへの接近観測をすることによって黄道面からそれたので、惑星観測ツアーは終了して星間ミッションへと向かった。

ボイジャー1号

ボイジャー1号は2012年8月25日にヘリオポーズに到達し星間空間に突入した初めての宇宙機であると公式に認められた

土星への旅

宇宙機をある惑星の周回軌道に載せるためには単純なスイングバイとは異なる方法が必要になる。土星に正しい角度で接近するためにカッシーニ探査機は数回のスイングバイを経て7年間かかった。

① 金星スイングバイ
カッシーニは1998年と1999年に2回の金星スイングバイを実施した。1回目で秒速7kmの加速をしたが、2回目のスイングバイでさらに加速するために、いったん逆噴射で減速した。

地球の軌道

太陽

2回目の金星スイングバイ

1回目の金星スイングバイ

② 地球へ戻る
1999年8月にカッシーニは高度1,171kmで地球に接近し、秒速5.5kmの加速を得て木星に接近するコースに入った。

カッシーニはまず金星をめざす

1997年10月カッシーニ打ち上げ

カッシーニは地球でスイングバイ

木星スイングバイによってさらに加速

土星周回

カッシーニ探査機は13年間にわたって土星を周回し、土星のたくさんの衛星と接近遭遇し、おもにタイタンの重力と必要に応じてエンジンを使用してたびたび軌道を変更した。

地球からの飛行経路

土星

4周目の軌道

3周目の軌道

2周目の軌道

タイタンの軌道

最初の周回軌道

イアペトゥスの軌道

木星の軌道

カッシーニ探査機は土星の軌道に到達

④ 土星に到着
2004年6月、カッシーニは逆噴射で軌道を修正し減速して土星を周回する楕円軌道に入った。

③ 木星スイングバイ
2000年12月、カッシーニは木星から970万kmのところを通過した。太陽系最大の惑星を観測し、さらに加速された。

カッシーニ探査機の土星周回

バスほどの大きさのカッシーニ探査機はNASAが宇宙へ送った無人の宇宙機の中では最大規模の複雑なものである。1997年に打ち上げられ、土星とその環、および多くの衛星について豊富な情報を送りながら2004年から2017年まで土星を周回した。カッシーニは、欧州宇宙機関（ESA）が建造したタイタン着陸機であるホイヘンスプローブを運んで、土星の軌道に到着した5ヶ月後に放出した。カッシーニ本体は土星の衛星への汚染を避けるために2017年9月に土星の大気に突入して運用を終了した。

低利得アンテナ

高利得アンテナ

捉えた粒子を分析する質量分析器

タイタンへ降ろす前のホイヘンスプローブ

地図作成用のカメラと分光器

2基の主ロケットエンジン

カッシーニの観測機器

カッシーニは、タイタンの大気を貫通できるレーダーや多くの情報を捉えることのできる可視光、赤外、紫外のカメラなどのさまざまな機器を搭載していた。

巨大惑星の観測

1980年代の惑星グランドツアーによる接近観測（210-11頁参照）に続いて、木星と土星の軌道に高度な探査機を投入し長期間にわたって周回させてさらに詳しく観測した。

ガリレオ探査機の木星周回ミッション

ガリレオ探査機は1995年から2003年まで木星を周回し、木星とその4つの大きな衛星、イオ、エウロパ、ガニメデ、カリストに何度も接近して観測した。ガリレオは、逆噴射ロケットを使わずに木星の上層大気に触れて、その抵抗によって減速し周回軌道に入った。その直後にガリレオは大気観測プローブを切り離し、プローブは木星大気に進入してパラシュートを広げて雲の中を落下し大気の組成に関する貴重なデータを送信した。ガリレオはプローブの切り離し後も周回して観測を続け、燃料が尽きてガリレオ衛星に落下し汚染することを避けるために木星大気に突入して任務を終了した。

ホイヘンスプローブ

ホイヘンス着陸機は衛星タイタンを調査するために各種の観測機器を装備していた。タイタンの表面は炭化水素化合物の液体の湖が広がっていると予想されていたので、プローブは液面に浮かぶような独特のデザインだった。

- パラシュート
- 前部シールド
- 科学機器を収納したモジュール
- 直径2.7mの熱シールド

ホイヘンスプローブ（断面図）

ガリレオ大気観測プローブの熱シールドは木星大気中で1万5,500℃にもなって溶けてしまった

カッシーニ探査機の大きさは？

20年間に80億kmを飛行したカッシーニは長さが6.8m、幅が4mあって、本体の重さは2,150kg、さらにロケット推進剤の重さが3,132kgであった。

木星大気の観測

分離されたガリレオの大気観測プローブは秒速48kmで木星大気に進入、パラシュートを広げるまでの2分間で大気抵抗によるエアロブレーキによって音速以下にまで減速した。

- 木星大気に進入するプローブ
- 主パラシュートを展開するがこの付近の風速は秒速170m
- 風
- 粒子密度の高い雲の層を通過
- 雲の層
- 下降中にプローブの熱シールドを分離
- 木星大気の高温のために電波信号は78分後に途絶えた
- 木星内部

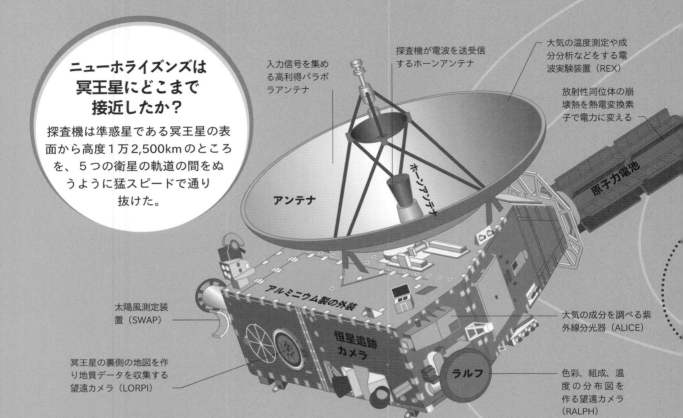

ニューホライズンズは冥王星にどこまで接近したか？

探査機は準惑星である冥王星の表面から高度1万2,500kmのところを、5つの衛星の軌道の間をぬうように猛スピードで通り抜けた。

入力信号を集める高利得パラボラアンテナ

探査機が電波を送受信するホーンアンテナ

大気の温度測定や成分分析などをする電波実験装置（REX）

放射性同位体の崩壊熱を熱電変換素子で電力に変える

アンテナ

ホーンアンテナ

原子力電池

太陽風測定装置（SWAP）

アルミニウム製の外装

恒星追跡カメラ

ラルフ

大気の成分を調べる紫外線分光器（ALICE）

冥王星の裏側の地図を作り地質データを収集する望遠カメラ（LORPI）

色彩、組成、温度の分布図を作る望遠カメラ（RALPH）

ニューホライズンズの小惑星観測

冥王星に接近した後、NASAはニューホライズンズを別のカイパーベルト天体へ送りたいと考えていた。燃料が減る中で選択肢は限られたが、飛行経路のわずかな調整だけでニューホライズンズは2019年1月にアロコスと呼ばれる小惑星に接近通過し写真を撮ることができた。

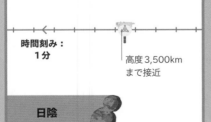

時間刻み：
1分

高度3,500kmまで接近

日陰

ほぼ円軌道で太陽を周回するアロコス

冥王星への装備

ニューホライズンズの全質量は401kg、推進用の燃料も必要なので観測機器用の余裕は30kgしかなかった。発電用の燃料も限られるので電力の問題もあったが、マイクロエレクトロニクス技術の進歩のお陰で合計28W以内でまかなえる7種類の機器を搭載することができた。

冥王星への道

ニューホライズンズは地球出発の1年後に木星スイングバイで加速した。それから休眠モードに入り、2014年の終わりに冥王星観測の準備のために目覚めた。

データ送信

太陽系の端から地球へ電波信号を送ることはとても難しい。観測中は重要な指令や運行のために帯域が必要なのでニューホライズンズは科学データを半導体メモリに蓄積し、数ヶ月をかけて地球へ送信した。

	2015年											2016年											
	01	02	03	04	05	06	07	08	09	10	11	12	01	02	03	04	05	06	07	08	09	10	11	12

冥王星に最接近　　科学データ再生送信　　　　　　測定器較正

主要な作業　　光学航法による運行#2　　光学航法#3　データ送信　光学航法#4　　冥王星からの離脱　　科学データ再生送信　　　　科学データ再生送信

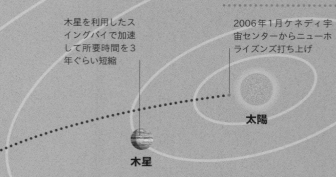

木星を利用したスイングバイで加速して所要時間を3年ぐらい短縮

木星を利用したスイングバイで加速して所要時間を3年ぐらい短縮

2006年1月ケネディ宇宙センターからニューホライズンズ打ち上げ

太陽

木星

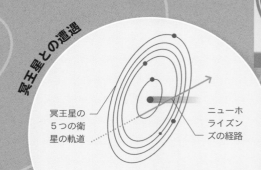

冥王星との遭遇

冥王星の5つの衛星の軌道

ニューホライズンズの経路

ニューホライズンズは冥王星を時速8万4,000km以上で通過しながら、冥王星のクローズアップ写真を撮り大気を調査して質量を測定した。

冥王星を追って

冥王星はもはや惑星ではないとされたが、それでも太陽系外縁部のカイパーベルト最大の天体の1つには違いない。NASAは2006年、この準惑星が比較的太陽に近いところにいる間に到着できるように、冥王星をめざして探査機ニューホライズンズを打ち上げた。

冥王星

2015年7月に冥王星に接近通過し観測

冥王星観測の計画

冥王星の軌道は楕円なので地球からの距離は大きく変化し、簡単には到達できない。さらに冥王星の表面の状態は太陽からの光が届く量によってかなり変化すると考えられている。冥王星は1989年の近日点から遠ざかりつつあるので探査機は軽くて速いことが最重要であった。

ニューホライズンズはこれまでに打ち上げられた探査機の中で**最速**、打ち上げ直後の**対地球速度**は**秒速16km**になった

打ち上げと推進

ニューホライズンズを十分に高速で送り出すために、アトラスV型2段ロケットの初段に固体ロケットブースターを5基という前例のない配置、さらに3段目にスター48Bロケットをつけて打ち上げられた。これによってロケットは打ち上げ後45分以内に太陽系脱出速度に達した。

アトラスVコアにはケロシンと液体酸素を積載

ニューホライズンズ探査機

打ち上げ用の固体ロケットブースター

セントールエンジン

3段目のスター48B

ペイロードを保護するフェアリング

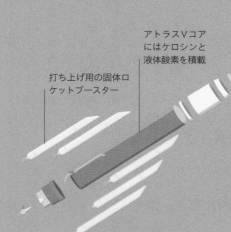

アトラスV型ロケット
打ち上げロケットの主力であるアトラスV型ロケットは1段目のアトラスVコアと2段目のセントールに最大5基の固体ロケットブースターを補助としてつけることができる。

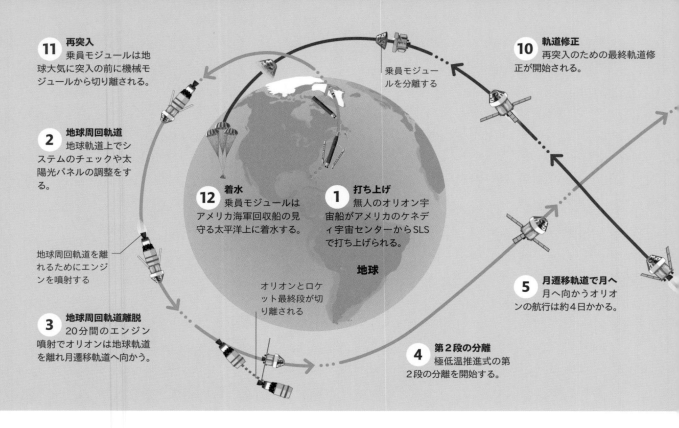

11 再突入
乗員モジュールは地球大気に突入の前に機械モジュールから切り離される。

2 地球周回軌道
地球軌道上でシステムのチェックや太陽光パネルの調整をする。

地球周回軌道を離れるためにエンジンを噴射する

3 地球周回軌道離脱
20分間のエンジン噴射でオリオンは地球軌道を離れ月遷移軌道へ向かう。

12 着水
乗員モジュールはアメリカ海軍回収船の見守る太平洋上に着水する。

オリオンとロケット最終段が切り離される

1 打ち上げ
無人のオリオン宇宙船がアメリカのケネディ宇宙センターからSLSで打ち上げられる。

地球

4 第2段の分離
極低温推進式の第2段の分離を開始する。

乗員モジュールを分離する

10 軌道修正
再突入のための最終軌道修正が開始される。

5 月遷移軌道で月へ
月へ向かうオリオンの航行は約4日かかる。

近未来の宇宙旅行

近い将来、宇宙旅行者は、国際宇宙ステーションへ往復する民間の定期便から、宇宙観光のための弾道飛行カプセルを経て、広い太陽系を探検するための特別設計の乗り物までいろいろな宇宙船で旅をすることになるだろう。

NASAが開発中の大型打ち上げロケット**SLS ブロック2**は**130トン**を地球周回軌道へ上げることができる

オリオン宇宙船

有人宇宙船オリオンはNASAが新しい探査ミッションのために開発した多目的宇宙船（MPCV）である。アポロ宇宙船を大きくしたようにも見えるオリオンは4人から6人が他のサポートなしに21日間のミッションに当たれるように設計されている。オリオンはNASAの新しい打ち上げロケットであるスペースローンチシステム（SLS）のてっぺんに載せて打ち上げられることになる。SLSは多目的ロケットで長期間の惑星間探査をめざすもっと大きな宇宙船を軌道に投入することもできる。

サターンVの後継ロケット

もともとNASAのスペースシャトル計画で試作されテストされた構造から派生したもので SLS はいろいろなブロックで構成することが可能で、最も強力なものならばサターンVよりも20%も多いペイロードを軌道へ運ぶことができる。

サターンV　SLS

オリオン宇宙船

使い捨ての固体ロケットブースター

4基のエンジン

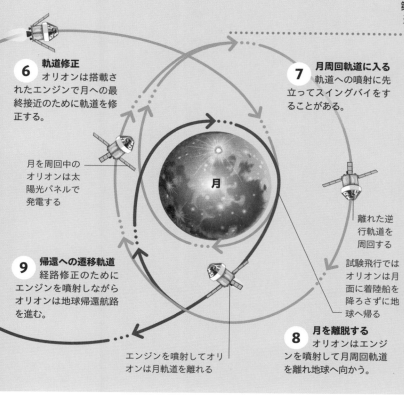

6 軌道修正
オリオンは搭載されたエンジンで月への最終接近のために軌道を修正する。

月を周回中のオリオンは太陽光パネルで発電する

9 帰還への遷移軌道
経路修正のためにエンジンを噴射しながらオリオンは地球帰還航路を進む。

エンジンを噴射してオリオンは月軌道を離れる

月

7 月周回軌道に入る
軌道への噴射に先立ってスイングバイをすることがある。

離れた逆行軌道を周回する

試験飛行ではオリオンは月面に着陸船を降ろさずに地球へ帰る

8 月を離脱する
オリオンはエンジンを噴射して月周回軌道を離れ地球へ向かう。

月探査の未来

オリオンとSLSは、2024年ごろまでに再び人を月へ送ろうというNASAのアルテミス計画の根幹である。計画には月軌道上のゲートウェイとなる宇宙ステーションの構築、物資を輸送する定期便の提供、月面の南極付近に人を送り、最長1週間程度の滞在をサポートする新しい有人着陸船の開発が含まれている。

月への第1歩

アルテミス1とよばれるミッションの最初の計画はSLSとオリオンの地球軌道および月軌道での主要な機能のテストをするための無人飛行である。

乗員モジュールと機械モジュール

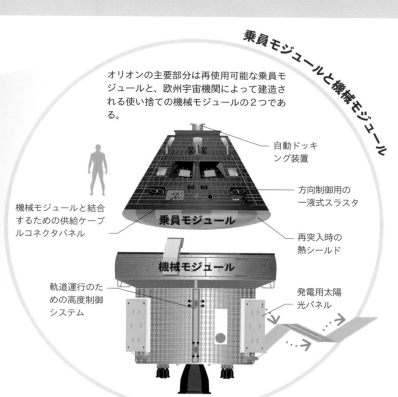

オリオンの主要部分は再使用可能な乗員モジュールと、欧州宇宙機関によって建造される使い捨ての機械モジュールの2つである。

自動ドッキング装置

方向制御用の一液式スラスタ

乗員モジュール

機械モジュールと結合するための供給ケーブルコネクタパネル

再突入時の熱シールド

機械モジュール

軌道運行のための高度制御システム

発電用太陽光パネル

宇宙弾道飛行

今後10年の内には多くの企業が新たに宇宙旅行を提供するだろう。アメリカのヴァージンギャラクティック社の提案は、スペースシップ2という再使用可能なシャトルのようなカプセルを高度1万5,000mで母機から発射し、宇宙に到達して地上へ戻るというもので、2021年7月に6人が搭乗して試験飛行に成功した。

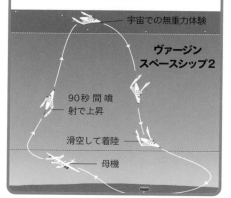

宇宙での無重力体験

ヴァージンスペースシップ2

90秒間噴射で上昇

滑空して着陸

母機

索引

※**太字**は主な解説ページ

謝辞

本書の編集にあたり、以下の方々に
ご協力いただきました。DK 社より
お礼申し上げます。

目次構成：Giles Sparrow
索引作成：Helen Peters
校正：Katie John
DTP 統括：Harish Aggarwal
編集コーディネート：Priyanka
Sharma
編集：Saloni Singh